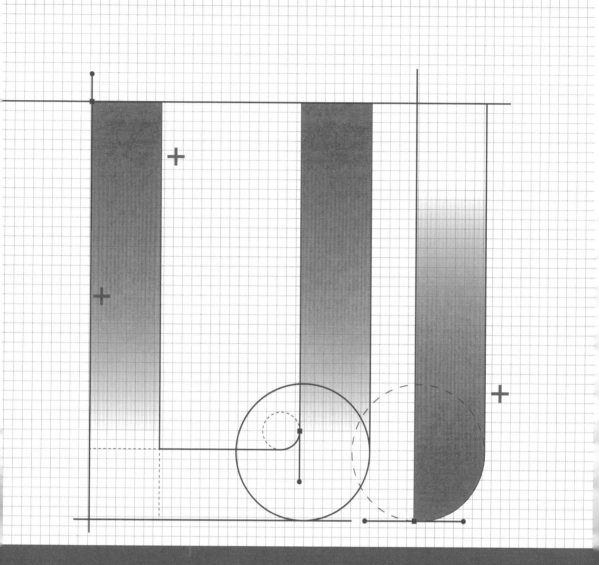

After Effects CC
移动UI动效设计必修课

吴桢 路倩 王志新 编著

U0198036

清華大學出版社
北京

内 容 简 介

本书采用技术理论与具体案例相结合的方式,详细讲解了中文版 After Effects CC 在 UI 动效设计方面的应用,包括图层控制、动画功能、合成技巧和常用插件,以及典型案例的制作流程和技术手段。讲解的动效设计理论简洁实用,选用的案例贴近实战。

本书共 8 章内容,包括 UI 设计行业概况、认识 UI 动效和 After Effects CC、图层控制与动画、三维空间合成、文字与图形动效、高级运动技巧、粒子与破碎特效以及典型插件特效等,以"教程 + 案例"的形式将 UI 动效制作的技巧、经验和风格进行演示和总结。案例涉及加载动效、C4D 场景动效、模拟全景动效、文字图形变幻动效、烟花落叶动效和各种插件特效等内容。此外,还对当前流行的表达式和脚本应用技巧进行了重点讲解,为读者在 UI 动效设计和制作工作中保持高效提供了很好的经验。

本书是初中级动效设计人员快速学习 After Effects 的工具书,既可以作为高等院校相关专业的教材,又可以作为 UI 设计和影视后期制作培训机构的教材,还适合已从业的界面设计师和后期合成师作为参考读物。

图书在版编目 (CIP) 数据

After Effects CC 移动 UI 动效设计必修课 / 吴桢,路倩,王志新编著 . —北京:清华大学出版社,2020.1(2021.6 重印)

ISBN 978-7-302-53817-2

Ⅰ . ① A⋯ Ⅱ . ①吴⋯ ②路⋯ ③王⋯ Ⅲ . ①图像处理软件 Ⅳ . ① TP391.413

中国版本图书馆 CIP 数据核字 (2019) 第 205781 号

责任编辑:李 磊 焦昭君
封面设计:王 晨
版式设计:思创景点
责任校对:牛艳敏
责任印制:刘海龙

出版发行:清华大学出版社
　　　　网　　址:http://www.tup.com.cn, http://www.wqbook.com
　　　　地　　址:北京清华大学学研大厦A座　　　　　　邮　编:100084
　　　　社 总 机:010-62770175　　　　　　　　　　　　邮　购:010-62786544
　　　　投稿与读者服务:010-62776969,c-service@tup.tsinghua.edu.cn
　　　　质 量 反 馈:010-62772015,zhiliang@tup.tsinghua.edu.cn
印 装 者:北京嘉实印刷有限公司
经　　销:全国新华书店
开　　本:170mm×240mm　　　印　张:20.5　　　　字　数:565千字
版　　次:2020年1月第1版　　　印　次:2021年6月第2次印刷
定　　价:99.00元

产品编号:082166-01

前　言

　　UI 即 User Interface（用户界面）的简称，UI 设计是指对软件的人机交互、操作逻辑、界面美观的整体设计，也叫用户界面设计。用户界面设计行业刚刚在全球软件业兴起时，属于高新技术设计产业，专业人才稀缺，人才资源争夺激烈，就业市场供不应求。如今，国内的 UI 设计行业日益发展，有了专门的职业分工，也开始出现一些高水准的一线设计师与 UI 设计交流组织，众多大型 IT 企业均已成立专业的 UI 设计部门。

　　从字面上看，UI 包含用户与界面两个部分，实际上还包括用户与界面之间的交互关系，其实可分为用户研究、交互设计和界面设计 3 个方面。随着移动端设备的普及和网速的不断提升，目前的界面已不仅限于版式图标的设计和信息页面的浏览，多种多样的动效元素也是非常具有吸引力的，也往往能给用户留下深刻的印象和好感。UI 动效可以通过交互设计工具进行图形单元的运动、转场，以及轨迹和时间轴的设置，也可以通过添加小模块来增加动感。

　　本书重点讲解的是界面设计中的动效制作部分。对于界面设计师来说，掌握一些动效设计和制作技术很有必要，例如在设计界面交互动效、项目宣传 MG 动画、产品吉祥物表情包、年终汇报图表时，这些技能可以辅助设计师更好地包装输出。

　　本书是一本帮助读者快速入门并提高实战能力的学习用书，采用完全适合自学的"教程 + 案例"和"完全案例"两种编写形式，所有案例均精心挑选和制作，按照 UI 动效的实际应用进行划分，每一章的案例在编排上循序渐进，力求带领读者深入商业应用的层面，讲解不同风格的动效设计和应用技巧。

　　本书着重讲解如何在 After Effects CC 中设计和制作 UI 动效单元，包括加载动效、Logo 演绎动画、液态动效、MG 风格动效、三维空间效果、文字动效、动感 Banner、典型插件特效等。在制作一些装饰性元素时，为了提高效率，对经常使用的表达式、粒子和多种插件都通过案例进行了细致的讲解，针对一些特殊的场合还会结合 Photoshop 和 C4D 等软件进行整合运用。

　　本书由具有丰富经验的 UI 和 AE 动效设计师编写，从工作界面和合成动效的一般流程入手，逐步引导读者学习 UI 动效设计的基础知识、高级粒子和脚本动画的应用等各种技能。希望本书能够帮助读者解决学习中的难题，提高技术水平，快速成为设计和制作 UI 动效的高手。

　　本书由吴桢、路倩和王志新编著，在成书的过程中，赵新伟、赵昆、吴月、刘一凡、吴倩、李英杰、梁磊、赵婷、彭聪、朱虹、王妍、李烨、师晶晶、华冰、赵建、王淑军、周炜、李占方、贾燕、杨柳、朱鹏、张峰、苗鹏、刘鸿燕、陈瑞瑞等人参与了部分内容的编写工作。

由于作者水平所限，书中难免有疏漏和不足之处，恳请广大读者批评指正。

为了方便读者学习，本书为每个案例提供了教学视频，只要扫描一下书中案例名称旁边的二维码，即可直接打开视频进行观看，或者推送到自己的邮箱中下载后进行观看。本书配套的学习资源中提供了书中所有案例的工程文件、教学视频和 PPT 课件。读者在学习时可扫描下面的二维码，然后将内容推送到自己的邮箱中，即可下载获取相应的资源（注意：请将这两个二维码下的压缩文件全部下载完毕后，再进行解压，即可得到完整的文件内容）。

编　者

目 录

第1章 UI 设计行业概况

第2章 认识 UI 动效和 After Effects CC

第3章 图层控制与动画

第 4 章 三维空间合成

第 5 章 文字与图形动效

第 6 章　高级运动技巧

第 7 章　粒子与破碎特效

第 8 章　典型插件特效

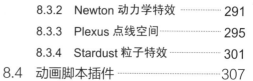

第 1 章　UI 设计行业概况

随着我国移动互联网等新兴互联网产业进入高速发展的阶段，UI 设计师这一名词开始进入人们的视野。伴随着移动互联网产业规模的不断扩大，UI 设计的要求也越来越高，用户体验至上的时代已经来临。动效设计在 UI 设计中的应用已经越来越广泛，一个好的动效设计可以给用户提供一个良好的使用感受，从而很好地加强用户交互体验。

1.1　UI 行业发展前景

UI 即 User Interface(用户界面) 的简称，UI 设计则是指对软件的人机交互、操作逻辑、界面美观的整体设计。软件设计通常可分为两个部分：编码设计与 UI 设计。好的 UI 设计不仅让软件变得有个性、有品位，还要让软件的操作变得舒适、简单、自由，充分体现软件的定位和特点。由于人们思想的转变，越来越多的公司开始注重交互设计、用户测试，在这方面的投入也越来越大。UI 设计师 (即用户界面设计师) 也迅速进入人们的视野，并且成为人才市场上十分紧俏的职业。

普通的 UI 设计师，相对于其他行业需求量很大，这是行业前景，据最新能统计到的 UI 设计师招聘量，我国有近 40 万的职位缺口。随着人们对互联网产品用户体验度的提升 (即对产品交互和外观审美的要求)，将来 UI 更是企业产品关注的核心。互联网企业的需求要远远大于其他企业，并且互联网企业要求的 UI 设计师和一般企业要求的层级是不同的，简单的平面设计是无法满足企业需求的，在"互联网＋"大背景下，对 UI 设计师能力的要求也在不断升级，既要求 UI 设计能力与 Web 前端能力，又要求在不同行业的跨界融合能力。

UI 设计师的职能大体包括三方面：一是图形设计，承担的不是单纯的美术工作，而是软件产品的"外形"设计；二是交互设计，主要在于设计软件的操作流程、树状结构和操作规范等；三是用户测试，其目标在于测试交互设计的合理性及图形设计的美观性，主要通过目标用户问卷的形式衡量 UI 设计的合理性，如果没有这方面的测试研究，UI 设计的好坏只能凭借设计师的经验或者领导的审美来评判，这样就会给企业带来极大的风险。

由于目前 UI 设计师在国内的发展尚处于起步阶段，整体上缺乏一个良好的学习与交流的资源环境，这一领域真正高水平的、能充分满足市场需要的 UI 设计师为数甚少。而 UI 设计中的交互设计正处于图形用户界面时代，当前语音识别技术和计算机联机手写识别技术的商业成功让人们看到了自然人机交互的曙光，虚拟现实和多通道用户界面的迅速发展也显示出未来人机交互技术的发展趋势，这些新技术理念的出现对 UI 设计师来说既是机遇又是挑战，要求他们不断积极探索新型风格的人机交互技术。

因此，UI 设计师应该通过不断地学习实践，在诸多不同领域，尤其是在人才资源普遍缺乏的社会学、心理学等人文学科领域拓展视野，丰富自我，努力向高级、资深设计师乃至设计总监的方向发展。在 UI 设计领域中越来越要求兼具美术设计、程序编码、市场调查和心理学分析等诸多方面综合能力，也只有这样的 UI 设计师才会拥有更为广阔的发展前景。

1.2 UI 设计常用工具

随着 UI 设计的不断发展，UI 动效越来越多地被应用于实际的生活中，手机、iPad、计算机等各种设备都在大范围应用。下面推荐几款常用的能制作出酷炫动效的软件，功能上各有优势。

目前行业内常用的 UI 动效设计软件很多，大多数都只支持 Mac，只有少部分支持 Windows。本人建议学好两三个，够用就好，学多而不精其实就是浪费时间。下面介绍几款常用的软件。

1. Adobe After Effects

系统支持：Windows、Mac。

After Effects CC 2017 中文版启动界面如图 1-1 所示。

图 1-1

After Effects 简称 AE，这个软件想必大家应该不陌生，它目前属于设计师学习动效的首选。它的特点就是功能强大，基本上用户需要的功能都有。其实 UI 动效制作只是用到了这个软件很少的一部分功能而已，配合 Photoshop 和 Illustrator 等软件，更是得心应手。使用该软件，无论是图形动画、光线效果或烟雾粒子都能轻松制作，如图 1-2 所示。

图 1-2

2. Adobe Photoshop

系统支持：Windows、Mac。

Photoshop CC 2017 中文版启动界面如图 1-3 所示。

图 1-3

可能很多人都认为 Photoshop 是用来绘图和处理图像的，其实 Photoshop 可以制作动态 GIF 格式文件，高版本的 Photoshop 进一步加强了动效的模块，尤其是在时间轴功能方面不断地加强，如图 1-4 所示。

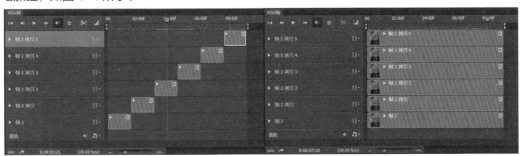

图 1-4

3. Adobe Animate CC

系统支持：Windows、Mac。

Adobe Animate CC 是 Adobe 公司开发的取代 Flash 的软件，是为了适应 HTML5 和 CSS3 设计的趋势，在 Flash 的基础上添加了动画的新功能和新属性，是 Flash 的升级版。Adobe Animate CC 2017 中文版启动界面如图 1-5 所示。

4. CINEMA 4D

系统支持：Windows、Mac。

目前最新版 Studio R20 中文版的启动界面如图 1-6 所示。

说到 C4D，大家可能第一反应知道这是个三维软件，但是它与 After Effects 的场景互导相当方便，制作起 UI 动效来也是易如反掌，如图 1-7 所示。

图 1-5　　　　　　　　　　　　　　　　　　　　图 1-6

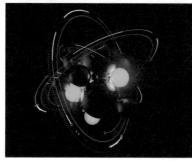

图 1-7

5. Hype 3

系统支持：Mac。

目前 Hype 3 版本的工作界面如图 1-8 所示。

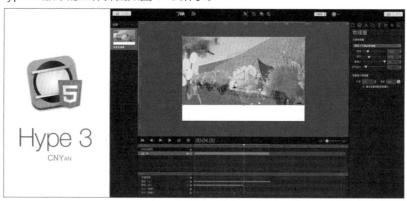

图 1-8

　　Hype 3 号称无代码动效神器，是一款用于制作交互性 HTML5 动画的软件。像 After Effects 一样使用时间轴就能制作可互动的动画，可以为用户在网页上制作出生动的动画效果。PC、手机和 Pad 端都可以直接访问（以 Web 的形式），也可以导出视频或者 GIF 格式文件。Hype 3 版本还有物理特性和弹性曲线，可以发挥更强大的动画效果。它原生支持中文这一点也非常棒，配合 Sketch 效果更是不错，让网页、广告、产品原型、项目、演示文稿等变得丰富而有趣。

6. ProtoPie Studio

系统支持：Windows、Mac。

ProtoPie Studio 3.9.1 版的启动界面如图 1-9 所示。

图 1-9

ProtoPie 是一款功能强大的移动端交互设计软件，采用传感交互式设计，多种智能传感器任用户调配，零代码原型设计，降低了制作门槛，具有上手快、功能齐全、操作简单的特点，支持多种演示平台，支持 Mac 和 Windows 双平台。与 After Effects 等软件相比，它更加轻量级，集成的功能更吸引人，可以调用 iPhone 系统的陀螺仪、麦克风、罗盘、3D Touch 等多种智能传感器等，这绝对是 Windows 用户设计师的福利，其工作界面如图 1-10 所示。

图 1-10

对于 UI/UE 设计师来说，在 ProtoPie 中操作时不需要编写代码，通过其可视化的设计即可完成相应功能的增减。例如，在设计一款软件时，设计师不用记住具体的数据，通过时间轴拖动相应板块就能完成操作。在完成软件设计后，设计师可以将其导出到 ProtoPie 的应用中供开发者直接查看。

对于移动开发者和 App 产品经理来说，可以直接在"设计师版"的应用中看到设计师的功能设计、交互逻辑等，还会获得一份由 ProtoPie 提供的具体数据，并按照这份数据进行开发。如此一来，不仅减少了设计师和开发者的沟通成本，也为设计师探索新的交互设计提供了平台。

7. Framer

系统支持：Mac。

Framer 工作界面如图 1-11 所示。

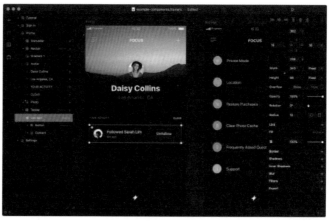

图 1-11

Framer 是一款设计可交互动效的软件，可快速导入 Photoshop、Sketch 中的图像并模拟图层分层、支持手势，可在手机或 Pad 中预览。新版的 Framer X 专为设计师打造，更注重交互设计，它可以让工作效率更高。除了使用设计组件，还可以使用代码组件——一种自带交互效果，且可以通过面板调节属性的交互式组件。这些组件使用 React 代码实现，可以直接使用真实数据渲染。新版使用 React 和 TypeScript 写 UI 组件，也可以直接使用 ES6。

UI 组件化是 Framer X 最大的变化，也是最核心的理念。用户在界面上看到的所有东西背后其实都是一个个 React 组件。Framer X 是第一款拥有内置设计资源商店的设计软件，不仅可以下载公开的组件，还可以管理和同步团队内部的组件，想象空间非常大。

8. Flinto

系统支持：Mac。

Flinto 界面与 Sketch 很像，如果会用 Sketch，那么上手会很快。使用该软件，能够快速实现各种滚动、转场、单击反馈效果。手机和 PC 端的预览都非常流畅，如图 1-12 所示。

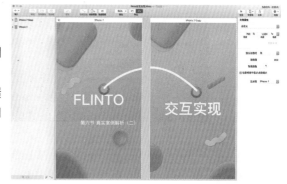

图 1-12

9. Principle

系统支持：Mac。

Principle 和 Flinto 功能有些类似，界面和 Sketch 类似，同时配合 Sketch 也非常方便。它是制作两个页面间过渡转场特效、元素切换、细节动效的工具。优点很明显，效率高，质感好，缺点就是不能做整套原型。其工作界面如图 1-13 所示。

10. Keynote

系统支持：Mac。

Keynote 类似于 Windows 下的 PowerPoint，是个幻灯片制作软件。据说苹果公司的交互设计师都是用 Keynote 制作交互演示的。只要能够熟练掌握这个软件，目前 App 中的绝大多数动效都是可以制作出来的，但是相对复杂一些的动效实现起来就有困难了。其工作界面如图 1-14 所示。

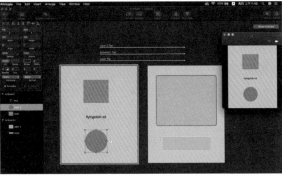

图 1-13

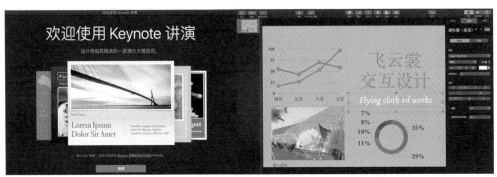

图 1-14

1.3 交互设计的原则

UI 是基于静态页面来设计的，页面之间通过跳转切换。但是在设计过程中，设计师很重视单页的视觉效果，却经常忽略了对界面跳转的处理，即动效。动效可以帮助设计师提升 UX（用户体验），使 UI 界面显得更加一致和真实，并给整个产品带来创新的感觉。动效设计具有以下 3 个重要特性：功能性、物理性和趣味性。

◆ 功能性：动效能够在一定层面上解决用户的需求，比如优化用户对界面的感知，使其感到更轻快更全面；引起用户的注意；提供用户操作后的视觉（功能）反馈，并为下一步的跳转做准备。

◆ 物理性：让 UI 符合空间逻辑并根据物理定律制作动画，定义屏幕和 UI 设计元件之间的空间相对关系，比如相对高度、权重以及速度。当设计时考虑到重力、惯性、速度和刚性等因素，动效就显得很真实，用户会觉得更加自然，当然就有助于快速形成使用习惯，因为这些动效都是熟悉并可预知的。

◆ 趣味性：在动效中加入一些有趣的动画，能够让人眼前一亮，印象深刻。人类不仅理性，还感性，喜欢有趣的东西。趣味动效可以让用户体验变得真正愉快和难忘，并让他们一想到动画就能想到该产品。

UI 层面也涉及交互，交互也是一种体验设计，没必要把它们彻底分割开。每个术语只是侧重点不同，交互设计侧重的就是机器与人的互动。

互动的方式不限于视觉、触觉、听觉甚至嗅觉。总而言之，要让机器"活"起来，"聪明"起来，那么就有一些人提出了以下让机器更"聪明"的原则。

1. 目的性原则

做任何设计都要搞清楚设计的目的是什么。有的设计是为了让人感觉愉悦，有的设计可以让人上瘾，有的设计是为了让人掏钱，产品设计需要基于业务需求和场景进行，把目的想清楚，也就更容易确定设计方案。

2. 可视性原则

状态可见是交互设计中最基础的原则。任何一个操作都需要得到反馈，当然可视性原则不只是视觉上的反馈，同时还包括听觉、触觉等反馈，比如移动端的加载提示、铃声以及振动，都能给用户反馈。

3. 一致性原则

一致性原则包含与系统交互一致和内交互一致两个方面，无论在体验还是美感上，保持一致相当重要。每个厂商都有自己的交互原则说明，包括 iOS、Android、Windows 等。每个平台总会有其特点，与系统交互一致，本质上会降低用户学习的成本。在交互方面的一致性指的是交互应用的配色、排版、文案、控件和提示等最好是统一风格。

4. 映射性原则

把一些习惯性的条件反射运用在交互设计上，可以大大降低用户的学习成本，同时也让用户感觉自己很聪明。例如音量键、加号和减号、放大和减小音量，一个智商正常的人靠直觉就能操作，就如同汽车方向盘或者门把手一样。其实，直觉是一种习惯的结果，能不能让用户看到某个动作或形态就产生条件反射，这需要结合用户的文化背景。

5. 限制性原则

该原则包含限制和容错两个层面，也就是预防用户进行错误的操作和出现错误操作后的修正。结合上面说的映射性，大家看到一些蓝色的文字，自然会联想到可单击，如果不能让用户多次单击怎么办？变灰色呈现一种不可单击的状态；可是用户狂按怎么办？这时候就该提示了——再戳就碎屏了！这些小小的交互细节，也能提升用户的体验。

6. 简约原则

为了优化用户体验，简约设计首先是减少用户操作。触摸屏最大的优势是可以进行多种多样的操作，一定要合理利用这个优势。以输入为例，如何减少输入操作？提供充足的选项或保存输入历史等都是十分有效的方法，同时结合系统特性，多使用滑动、长按或下拉等，也是极其方便的。

1.4 本章小结

目前企业通过互联网和移动端推介信息和发布产品是一种常用手段，这就对 UI 设计人才的需求越来越多，对设计师水平的要求也越来越高。本章着重讲述 UI 设计行业的发展前景，并推荐几款常用的制作交互动效的软件，为准备进入本行业和刚刚接触 UI 设计的读者提供了一些进阶的经验，即在美术设计和交互技术方面需要不断学习，遵循交互设计的原则，增强用户体验感，提高美学、社会学以及心理学等诸多方面的综合能力，才能拥有更为广阔的发展前景。

第 2 章　认识 UI 动效和 After Effects CC

在移动端交互设计作品中，无论是 App 还是 H5，在用户打开时都会或多或少有一段加载的等候时间，都希望在样式或关键信息提示方面有所突出，同时兼具吸引用户的功能，在 App 或首页常常演示一段精美的 Logo 动画，完全从视觉刺激的角度出发，加快用户对品牌的印象识别和记忆等，诸如此类的动画效果都是 UI 动效的典型应用，要实现这些效果首选的工具就是 After Effects CC。After Effects CC 在图像合成和图形动画方面有着非常高的效率，完全能够发挥设计师的想象力，创作出丰富多样的不断挑战观众想象力的 UI 动效。

2.1　认识 UI 动效

2.1.1　UI 动效的概念

随着移动网速的不断提升，手机、Pad 的内存配置越来越高，UI 动效的优势越发明显。那什么是 UI 动效呢？在进行用户界面设计的时候，动效可以存在于交互、转场和具体的控件操作上，作为一种状态转变、交互反馈和视觉引导的工具而存在。

根据工作中的实际应用，把 UI 动效简单分为矢量图形动画、场景动画、特效类动画和交互转场 4 种场景，就可以很方便地理解 UI 动效的概念了。针对以上 4 种常见的应用场景，下面分别展开来说明相应的解决方案。第一种针对矢量路径的动效场景，一般是应用一些图形的变化和线条的描边动画。面对此类动效，设计师制作的过程其实相对简单，利用 SVG 格式的文档进行交接可以满足大部分需求；第二种针对一些典型的情感化应用场景，其中动画的表现形式相对比较夸张也比较自由，可以实现比较丰富的视觉效果，而这类相对复杂的动效格式就需要用 After Effects 导出 PNG 序列或者直接使用视频格式，也可以使用动态 GIF 格式图片，不过在具体应用时，可以根据具体项目需求进行方案选择，比如 MP4 视频实现方便且动画质量高，但不支持透明，GIF 格式图片损失比较严重也不支持半透明通道，通常透明图片边缘会有锯齿，而且 iOS 是不支持 GIF 格式文件的，不过在一些不透明颜色较少的场景，特别是网页端经常使用；第三种是特效类动效应用场景，有时候因为视觉上需要一些特效类的动效展示，特别是在一些硬件应用、工具类应用以及数据可视化类的产品会有一些此类需求，这部分的动效实现如果不涉及数据的话，也可以使用上文所说的序列帧或者视频展示的方式，如果涉及数据的变化，一般会使用一些第三方的动效库进行实现；最后一种就是交互转场类动效，也就是在 UI 交互中常见的一些动效设计场景，这类动效的实现也相对比较麻烦，开发成本较高。优秀的转场动效能够使交互变得流畅自然，提升产品的使用性，而转场动画的特殊性在于在交互的过程中会牵扯到数据变化，所以这类动效是不可能通过样片的方式直接导出的，必须结合开发人员进行数据与前端方面的交互。

在真实的产品上线之前，基于特定的想法、构思可以创建所谓的概念动效，方便与客户沟通，也可以作为 UI 动效设计的一个具体方案，比如用 After Effects 创建交互界面的演示动画，在这个基础上与客户、程序员和 UI 设计师实现多方沟通，汇总具体的修改建议或简化一些超出成本的特效，大大提高了工作效率。从另一方面来讲，在很多创意设计领域当中，经常有人说某种创新或者创意是不可能实现的，然而实际上，总会有人竭尽所能发现新的解决方案，找到新的方法，需求决定市场，如果市场看到了一个全新的设计理念，尤其是在动画和动效领域，就会有人想办法在实际的产品中将它实现，那么这时候，设计师的构思就不再停留在概念上，而是真的形成最终的创意作品，推动着创意和技术不断更新和提升。

2.1.2　UI 动效的神奇用途

在平面设计的年代，静态的设计追求的是持久的价值，简约和清爽让这种价值得以维系。但是在这个用户注意力资源极其有限的今天，多样的需求和激烈的竞争使动效设计师需要竭尽全力抓住用户的每一点注意力，而越来越脑洞大开的动效正在证明其无可替代的价值。如今的 App 设计中，UI 动效越来越酷炫，不断展现出其优势和魅力。

首先是丰富了移动产品的展示功能。动效设计可以展示产品的功能、界面、交互操作等细节，让用户更直观地了解一款产品的核心特征、用途、使用方法等细节。其次是 UI 动效更有利于品牌建设，通过 UI 动效更好地传递品牌理念与表达品牌特色，用这种讨喜的方式去展示和宣传，不失为一种非常优秀的选择。相信技术的发展，必然带动动效设计这个现在看起来还微不足道的产业的崛起，让我们拭目以待。

很多时候设计不能光靠嘴巴去解释你的想法，静态的设计图设计出来后也不见得能让观者一目了然。因为很多时候交互形式和一些动效真的很难用语言来形容，所以才会有高保真样片，这样就节约了太多的沟通成本，再有就是 UI 动效大大地增加了产品的亲和力和趣味性，能立即拉近与观者的距离，在扁平化大行其道的今天，动效能让产品细节更有趣味性，还能提升用户体验。

动效在 UI 设计中的应用其实比我们想象中的还要广泛。下面介绍一下动效设计的三大用途，希望能对大家有所帮助。

1. 系统状态

每个 App 为了保证正常运行，后台总会有许多进程在运行着，比如从服务器下载数据、初始化状态、加载组件等。做这些事情的时候，系统总是需要一定的时间来进行，但是用户看着静止的界面并不会明白这些，所以需要借助动效让用户明白，后台还在运行，在处理数据。通过动效，从视觉上告知用户这些信息，让用户有掌控感，是很有必要的。

1) 加载指示器

对于许多数字产品而言，加载是不可避免的。虽然动效并不能解决加载的问题，但是它会让等待不再无聊。如果无法让加载时间更短的时候，我们应该让等待更加有趣。充满创意的加载指示器能够降低用户对于时间的感知。动效会影响用户对于产品的看法，会让界面比实际上看起来更好。

2) 下拉刷新

另外一个著名的动效是下拉刷新，当触发这个动效之后，移动端设备会更新相应的内容。需注意的是，下拉刷新动效应该和整个设计的风格保持一致，如果 App 是极简风，那么动效也应当如此。

3) 通知

由于动效会自然地引起用户的注意力，所以使用动画化的方式来呈现通知是很自然的设计，它不会给用户带来太多颠覆性的使用体验。

2. 导航和过渡

动效最基本的功能是呈现过渡状态。当页面布局发生改变的时候，动效的存在会帮助用户理解这种状态的改变，呈现过渡的过程。一个经典的案例就是汉堡图标呈现隐藏菜单的过渡动效。动效能够有效地吸引用户的注意力，让用户在愉悦的氛围中获取信息。

3. 视觉反馈

视觉反馈对于任何 UI 界面都是非常重要的。视觉反馈让用户觉得一切都尽在掌握中，可以预期，而这种掌握意味着用户能够明白和理解目前的内容和状态。用户界面元素，诸如按钮和控件，应该看起来是可点击的，即使它们实际上是在屏幕背后。在现实生活中，按钮和各种控件都会对交互产生响应。人们期望在界面中获得类似的反馈。

现在交互设计的重要性逐渐体现出来，想让产品出众，交互必须是亮点，想要成为出色的 UI 设计师，动效设计的学习必不可少。

2.2 After Effects CC 功能概述

After Effects 简称 AE，是 Adobe 公司开发的一款基于 PC 和 Mac 平台的视频合成及特效制作软件，是业界标准的动态图形和视觉效果工具组合，由于它强大的功能和实惠的价格，在国内拥有庞大的用户群。更新的版本提供更好的方式，将桌面和行动装置应用程序与设计师的创意资料连接在一起，协助设计师创造出前所未有最令人惊艳的视觉效果，比如 Photoshop 中层的引入，使 After Effects 可以对多层的合成图像进行控制，制作出天衣无缝的合成效果；关键帧、路径的引入，使用户对控制高级的二维动画游刃有余；高效的视频处理系统，确保高质量视频的输出；令人眼花缭乱的特技系统使 After Effects 能实现用户的一切创意。

2.2.1　After Effects CC 功能简介

After Effects CC 借鉴了许多优秀软件的成功之处，将视频特效合成上升到了新的高度，汇集了当今许多优秀软件系统的编辑思想(如 Photoshop 层的概念，三维动画的关键帧、运动路径、粒子系统等)和现代非线性技术，通过对多图层的合成图像控制，能够产生高清晰的视频；同时还保留了与 Adobe 软件优秀的相互兼容性，可以轻易地导入 Photoshop、Illustrator 的层文件和 Premiere 的项目文件，并完整保留源文件的特征及属性；支持三维空间运算，大大增强了相机和灯光效果，使工作更加简单快捷，所以被广泛应用于数字电影后期制作、运动图像处理、多媒体及互联网领域。该软件还具有如下特点。

(1) 更流畅的播放体验。新的影音预览架构可让用户同步地实时播放已抓取的帧。

（2）更快速的应用程序效能。在合成窗口中工作或在时间轴上拖曳时，移动更迅速。

（3）加速效果。透过 GPU 加速效果（例如高斯模糊和 Lumetri Color）让演算更快速。

（4）利用颜色发挥创意。使用增强的 Lumetri Color 工具来隔离与调整颜色白平衡以及进行细微的阴影调整。只要单击，即可建立并套用新的 SpeedLooks 预设集。

（5）简化的 Character Animator。快速为木偶图层加上卷标以及为角色记录多个动作镜头。通过新的 Dynamic Link 更快速地导出至 Adobe Media Encoder。使用新的木偶附件控制每个子项目随着其父代的移动方式。

（6）动作触发器和自动眨眼行为。将角色拖曳至横跨屏幕，让角色根据自己的动作自动产生动画效果。

（7）改良实时的 3D 通道。将 3D 动画文字和形状图层导出至 CINEMA 4D，以执行更有效率的工作流程，由于配备具有 Cinema 4D 的即时 3D 管道，可以汇入 3D 物体并用在 3D 场景中。

（8）使用数据库更顺畅地完成协作。控制只读 Creative Cloud Libraries 中的资源，让团队成员都能使用这些资源，但不能加以变更或删除。

2.2.2　After Effects CC 工作界面

After Effects CC 允许用户定制自己的工作区布局，为了更好地使用，可根据工作的需要移动和重新组合工作面板，或将面板解锁使其成为浮动面板。

首次打开 After Effects CC 软件，创建新的项目时，将调用系统预设的标准工作区，如图 2-1 所示。

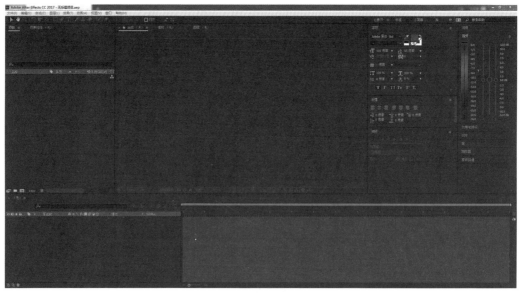

图 2-1

1. 工作界面主要组件

下面对工作界面中的重要部分进行详细介绍。

1) 主菜单

After Effects CC 的主菜单与标准的 Windows 软件菜单模式和用法相同，单击其中任意一个命令，都可弹出下拉菜单进行选择。

2) 工具栏

工具栏中包括经常使用的工具，有些工具按钮不是单独的按钮，在右下角有三角标记的都含有多重工具选项，例如在上面按下鼠标左键不放，即可展开新的按钮选项，拖动鼠标可进行选择。

工具栏中分为常用工具、绘图工具和轴向模式工具，如图 2-2 所示。

图 2-2

◆ 常用工具包括选择工具、视窗移动工具、视窗缩放工具、旋转工具、摄像机工具和中心点移动工具。

◆ 绘图工具包括遮罩工具、钢笔工具、文字工具、画笔工具、仿制图章工具、橡皮擦工具、Roto 笔刷工具和图钉工具。

◆ 轴向模式包括物体自身轴模式、世界坐标轴模式和视图轴模式。

3) 项目窗口

导入 After Effects CC 中的所有文件，创建的所有合成文件、图层等，都可以在项目窗口中找到，并可以清楚地看见每个文件的文件类型、尺寸、时间长短、文件路径；当选中某一个文件时，可以在项目窗口的上部查看对应的缩略图和属性，如图 2-3 所示。

4) 效果控件面板

当在时间线窗口中选择应用效果的图层时，将激活效果控件面板中的选项卡，可以查看和调整滤镜参数、设置滤镜动画、控制关键帧等。当然也可以拖曳该面板到其他位置进行新的布局组合，也可以将其解锁成为浮动面板，如图 2-4 所示。

图 2-3

图 2-4

5) 时间线窗口

时间线窗口是对图层进行时间排列、显示顺序、位置与尺寸、透明、叠加模式、效果、蒙版等属性进行设置，从而实现合成的重要窗口。在 After Effects CC 中还提供了很多控制按钮，如图 2-5 所示。

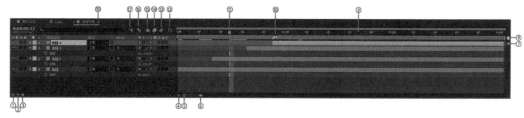

图 2-5

① 展开或折叠"图层开关"窗格

② 展开或折叠"转换控制"窗格

③ 展开或折叠"入点"/"出点"/"持续时间"和"伸缩"窗格

④ 缩小（时间）

⑤ 放大到帧级别或缩小到整个合成（时间）

⑥ 放大（时间）

⑦ 合成按钮

⑧ 设置标记点

⑨ 时间线标尺

⑩ 合成标记点

⑪ 时间指针

⑫ 图表编辑器

⑬ 运动模糊开关

⑭ 帧融合

⑮ 消隐

⑯ 草图 3D

⑰ 合成微型流程图

⑱ 合成菜单

例如，单击图表编辑器按钮，可切换时间线和动画曲线编辑模式，使动画和速度的调整更加直观和方便，如图 2-6 所示。

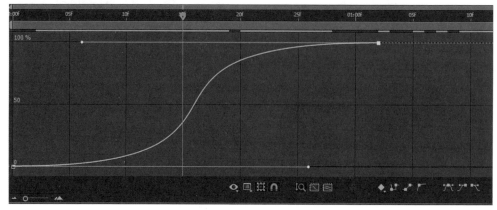

图 2-6

2. 主要面板

众多的面板操作方便快捷，可以定制自己的组合，也可以直接调用工作区。下面对常用的面板进行简单的介绍。

1)"预览"面板

"预览"面板中包括播放、逐帧播放、倒放以及声音开关等按钮和一些选项设置，如图 2-7 所示。

2)"效果和预设"面板

"效果和预设"面板是 After Effects CC 的选项快捷设置面板，将主菜单中"效果"下的所有效果选项收集在这里，这样方便进行效果的应用。新增的动作预设库更是集中了大量的预设动画，从而节省了大量的制作时间，提高了工作效率，如图 2-8 所示。

图 2-7

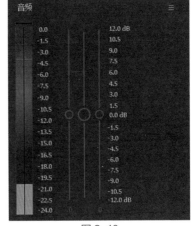

图 2-8

3)"信息"面板

通过"信息"面板可以了解鼠标在合成窗口中所指图像的颜色及鼠标在合成窗口中的坐标，单击右上角的按钮，在弹出的菜单中除了面板控制命令外，还包含信息显示方式命令，如图 2-9 所示。

4)"音频"面板

"音频"面板可以对声音的高低进行监测，并对其进行编辑处理，如图 2-10 所示。

图 2-9

图 2-10

3. 其他面板

除了目前在标准工作区中显示的控制面板，还可以通过"窗口"菜单选择需要显示的其他面板，比如"字符"面板、"绘画"面板、"对齐"面板、"动态草图"面板、"摇摆器"面板、"跟踪器"面板等，如图 2-11 所示。

下面对一些常用的面板进行简单的介绍。

1)"字符"面板和"段落"面板

在"字符"面板中，可以对文字的字体、大小、颜色、字间距、行距、字高、字宽等属性进行设置，在"段落"面板中可对段落的各种属性进行编辑，如图 2-12 所示。

图 2-11

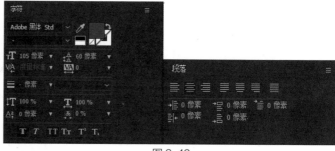

图 2-12

2)"绘画"面板

在"绘画"面板中，可以对绘画图形的颜色、透明度、画笔尺寸、形状等属性进行编辑，尤其是在使用仿制图章工具时更是方便快捷，如图 2-13 所示。

3)"画笔"面板

在"画笔"面板中，可以方便地对笔刷的大小、角度、粗糙度以及硬度等参数进行设置，如图 2-14 所示。

图 2-13

图 2-14

4)"对齐"面板

该面板是将多个图层进行排列和对齐，如图 2-15 所示。

5)"动态草图"面板

该面板中可捕捉草图运动路径，对捕捉速度、显示背景等参数进行设置，如图 2-16 所示。

6)"蒙版插值"面板

该面板用于优化连续的两个蒙版之间变形的插补运算，如图 2-17 所示。

7)"平滑器"和"摇摆器"面板

"平滑器"和"摇摆器"面板如图 2-18 所示。

8)"跟踪器"面板

该面板主要用于运动跟踪与稳定，如图 2-19 所示。

图 2-15

图 2-16

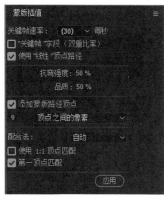

图 2-17

图 2-18

4. 预览窗口

在预览图像窗口中，不仅可以直接观察对图像进行编辑的结果，还可以对图像显示大小、模式、安全框显示、当前时间、当前视窗等选项进行设置，如图 2-20 所示。

图 2-19

图 2-20

在 After Effects CC 中有摄像机视图及灯光的设置、，以及可设置的多视图显示，使用户可以同时看到工作空间中不同的元素，方便了二维影像素材在三维空间中进行编辑动画，如图 2-21 所示为摄像机视图。

在预览窗口中，不仅可以显示合成效果，还可以查看素材、绘制蒙版以及调整图层的运动路径等，通过预览窗

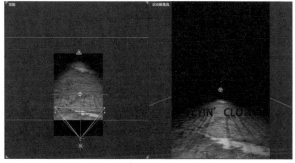

图 2-21

口底部的按钮或快捷菜单命令可以设置更多的选项，为合成工作提供参考和便利，如图 2-22 所示。

图 2-22

① 始终预览此视图。

② 主查看器。

③ 放大率：单击窗口显示比例按钮，可以在弹出的下拉列表中选择图像预览的显示比例。利用窗口显示比例按钮缩放图像，只改变窗口中显示的像素，不会改变合成图像的实际分辨率。

④ 选择网格和参考线选项：包括网格、参考线、标尺及安全框。After Effects 可以在合成图像、层、素材窗口中设置安全框，将图像的主要部分放在安全框内，字幕放在字幕安全框内，如图 2-23 所示。

⑤ 切换蒙版和形状路径可见性：当选择应用蒙版的图层时，将显示黄色的蒙版路径，这样便于调整蒙版的形状，尤其是在使用蒙版抠除运动素材中不必要的部分时，可以边参考源素材边进行蒙版的操作，当不需要显示蒙版时，使用该按钮关闭蒙版显示，不影响合成效果的预览。

图 2-23

⑥ 预览时间：显示当前时间指针所处的时间位置，单击该按钮，弹出"转到时间"对话框，在数值框中输入时间，时间指针可以自动跳转到输入时间所代表的位置。使用当前时间按钮，可以精确地在合成窗口中定位时间。

⑦ / ⑧ 拍摄快照 / 显示快照：After Effects 可以利用快照功能抓取合成预览窗口中的画面至内存中，单击显示快照按钮，在当前窗口中显示最近的快照，这样就可以对比不同时间位置的预览效果。

⑨ 显示通道及色彩管理设置：该下拉列表中包括红色、绿色、蓝色及 Alpha 通道等显示方式，可以检索图像的各个通道信息。

⑩ 分辨率：单击该按钮，在弹出的下拉列表中可以选择预览图像分辨率，高分辨率可以显示更清晰的图像，低分辨率可以加速显示，但是图像质量变差。

⑪ 目标区域：打开目标区域显示按钮，可以在合成窗口中自定义一个矩形区域，系统会根据自定义的矩形区域而显示区域内的图像，这样可以加快预览速度。

⑫ 切换透明网格：打开该按钮，可以将合成文件的背景显示为透明网格。

⑬ 3D 视图：单击该按钮，在弹出的下拉列表中可以选择需要在预览窗口中显示的视图，通过不同的视图进行透视观察，尤其是在进行三维合成时，After Effects CC 中提供了活动摄像机视图、顶视图、底视图、前视图、后视图、左视图、右视图等视图。

⑭ 选择视图布局：可以选择多视窗显示，同时预览不同的内容，通过多视图的参照可以更直观地操作图层、摄像机等合成对象。

⑮ 切换像素长宽比校正：由于在合成中包含不同像素比的图层，单击该按钮可以按方像素即 1：1 查看图层或合成效果。

⑯ 快速预览按钮：单击该按钮，可以从下拉菜单中选择快速预览的方式，包括线框显示、适应分辨率和 OpenGL 选项，还可以快速打开快速预览参数设置面板。

⑰ 时间轴：单击此按钮，可以快速激活当前预览的时间线窗口。

⑱ 合成流程图按钮：切换显示合成流程图，如图 2-24 所示。

⑲/⑳/ 重置 / 调整曝光度：只影响预览视图。

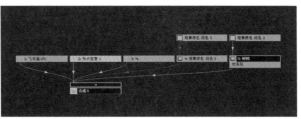

图 2-24

2.3 After Effects CC 工作流程

在 After Effects 中，每个动画都以项目开始。一个 After Effects 项目是一个独立的文件，该文件把在这个项目中使用的参数存放在所有的素材中，不仅包含在合成窗口中如何安排素材的信息，还有所有应用到的效果和动画的详尽细节。在一个项目里面，可以创建一个或多个合成。一旦把源素材导入项目中，就可以向合成中添加素材项目。

启动一个项目包含两项任务：(1) 基于最终输出格式设计项目；(2) 创建项目文件。

2.3.1　设计项目

在准备导入素材之前设计项目可以简化工作。大部分的设计仅仅是为源素材决定最好的设置，这一步是获得最佳画面所必需的。当然渲染顺序和嵌套也是项目设计的一部分，比如在导入素材项目之前，先决定成品将用于哪个媒体中，然后为合成决定最佳的设置和源素材。例如，如果想把项目渲染成应用在网上的视频流，那么画面大小、颜色位深度和帧速率可能会减少，以达到网上视频流的数据率限制。

After Effects 项目文件在 Windows 平台下兼容，可以按照以下方法来简化平台之间交换项目的进程。

1. 项目层次

当把一个项目转移到不同的计算机中并打开它时，After Effects 会试着定位项目的素材文件：首先，查看项目文件被定位的文件夹；其次，使用文件的最初路径或文件夹位置；再次，寻找项目定位的根目录。

如果正在建立交叉平台项目，那么，全路径有相同的名字是最好的。较好的方法是将素材与项目文件存储在同一个文件夹中，也可以使用 Collect Files 命令将完成的项目及全部应用的文件存储在另外的文件夹中，该项目文件夹可以越过平台完整地被复制下来，After Effects 会正确地定位所有的素材。

2. 正确的命名习惯

若有可能，用窗口兼容文件扩展名来命名素材和项目文件，例如，QuickTime 电影的 .mov 和 After Effects 项目的 .aep。

3. 相同资源

确保所有资源在两个体系中均可用，比如相同的字体、效果、编解码器等。

如果将一个项目渲染成一个或多个媒体格式，通常将合成的解析度设置和在输出中使用的最高解析度设置进行匹配，然后设置渲染队列窗口，来为项目的每种格式渲染一个单独的版本。

在移动交互中经常用到的主要是网络视频流、动态 GIF 格式文件或 Flash (.swf) 文件。

1) 网络视频流

视频流类似于一个传统的电视信号，因为视频一帧又一帧地被传送给查看者，而不必将一个巨大的文件下载到硬盘上。网上的视频流受大多数用户调制解调器狭窄的带宽限制，可以直接从 After Effects 输出 QuickTime 流，可能需要进一步对文件大小和数据传输率进行缩减。如果最终的输出将作为一个文件从互联网站上下载，那么最值得关心的问题是文件大小，这将直接影响到文件下载所需时间。当渲染将要下载的最终输出时，经常使用 QuickTime 和 Microsoft Video for Windows 这两种格式。

2) 动态 GIF 格式文件

当渲染动态 GIF 格式文件时，颜色被混合为 8 位。在渲染最终的项目之前，可以首先渲染一个合成测试，以便出现意外时可以调整颜色。如果任一源素材包括一个 Alpha 通道，务必确定在开始渲染之前该素材影响最终项目的方式。

3) Flash (.swf) 文件

当把合成作为 Flash (.swf) 电影输出时，After Effects 尽可能多地维持矢量。然而，在 Flash 文件中许多项目不能描述成矢量。

2.3.2 偏好设置

在开始一个合成之前，需要根据具体工作情况进行项目设置、渲染设置、输出模块设置以及偏好参数设置。

首先介绍一下项目设置，选择主菜单"文件"|"项目设置"命令，弹出"项目设置"对话框，如图 2-25 所示。

◆ 视频渲染和效果：可设置使用范围。

◆ 时间显示样式：包括时基、帧数和胶片长度 3 种方式。

◆ 颜色设置：包括颜色深度和工作区颜色。

◆ 音频设置：为了统一输出模式，同时节省时间，不必每一次渲染输出时都进行设置，可以根据成品需要设置渲染和输出的参数。

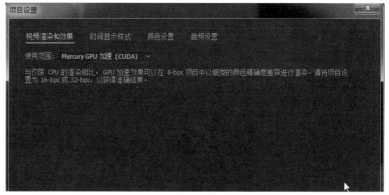

图 2-25

选择主菜单"编辑"|"模板"|"渲染设置"命令，弹出"渲染设置模板"对话框，单击"编辑"按钮，可以对渲染设置进行编辑，重新设置品质、分辨率以及时间采样等参数，如图 2-26 所示。

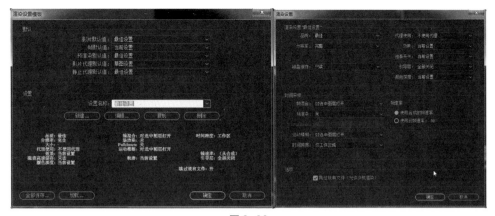

图 2-26

首选项设置中包含很多重要的参数，比如预览时是否激活 OpenGL、导入图像默认长度、辅助线颜色、标签颜色以及缓存设置等，选择主菜单"编辑"|"首选项"|"常规"命令，弹出"常规参数设置"对话框，然后单击"下一步"或"上一步"按钮，可以弹出其他参数设置对话框。

2.3.3　组织和管理素材

开始一个新的项目，首先要导入素材，包括视音频素材、动画序列和静态图片，也包括 After Effects CC 和 Premiere Pro CC 的项目文件。

导入文件时，After Effects CC 不是将素材复制到项目中，而是在项目控制面板中创建一个对应素材项目的参考链接，这样可以节省磁盘空间。

如果要删除、重命名或移动一个被导入的源文件，可以断开这个文件的参考链接。链接断开后，源文件名以斜体形式出现在项目窗口中，并且文件路径栏将其作为丢失文件列出。如果素材项目可用，可重建链接——通常只需双击该条款并再次选择文件。

如果使用其他应用程序修改项目中的素材，再次打开项目时，所进行的改动会出现在 After Effects CC 中。

当添加素材到 After Effects CC 合成时，将创建一个新的图层，而且该素材项目就是新图层的源，可以替换源文件而无需对图层属性做任何编辑。

在 After Effects CC 中，可以使用相同的导入文件对话框导入任何可用文件。为节省时间并将一个项目的复杂性与大小减到最小，在合成图像中可一次性导入一个素材文件并多次使用此文件。

在项目和合成中导入素材的方法很简单，在项目窗口中右键单击选择的素材文件，然后在弹出的快捷菜单中选择"解释素材"|"主要"命令，弹出"解释素材"对话框，从中可以查看和编辑解释信息，如图 2-27 所示。

图 2-27

After Effects CC 可以自动解释导入的不同类型的素材。例如，每次导入无标号字段的片段时，必须指定字段分隔命令；但导入大量素材片段时，使用解释规则文件处理可节省时间。

解释素材文件定义了 After Effects CC 如何使用参数为帧大小、帧速率、文件类型和编解码器来标识和匹配素材。如果它为已导入素材找到了相匹配的内容，则会自动设定字段命令、帧速率、Alpha 通道解释和像素特征比率。

对素材的解释信息中，Alpha 通道是其中很重要的一项。一个典型的素材项目的色彩信息包含在三个通道中，即红、绿、蓝，有时还可以包含第四个通道即 Alpha 通道，该通道包含了图像的透明信息，常用于制作效果的遮罩。用于 After Effects CC 时它定义了自己或其他图层的透明区域，白色区域定义为不透明，黑色区域定义为透明。

许多文件格式包含 Alpha 通道，例如：PSD、TGA、TIFF、EPS、PDF、QuickTime(Colors+ 的 Millions 中保存为位深度) 和 AI。

带 Alpha 通道的素材分为两类：直接和预乘。虽然 Alpha 通道是相同的，但色彩通道不同。对于直接通道，素材将透明信息保存在一个分离的通道 (Alpha 通道) 中，不保存在其他任何可见色彩通道，这种 Alpha 通道也成为无遮罩 Alpha 通道。对于直接类通道，透明效果只在支持直接 Alpha 通道的应用程序显示；对于预乘通道，背景色被修改或增加的素材项目透明信息不只保存在 Alpha 通道中，也保存在可见 RGB 通道中。预乘通道也称为带背景色的遮罩 Alpha 通道。半透明区域的颜色，如边缘羽化，根据它们的透明度按比例转换为背景色。

After Effects CC 能够识别这两种通道，对大部分项目而言，这两种类型的通道都能产生令人满意的效果。那么选择 Alpha 通道解释方法对导入的文件很重要。

导入文件后可以修改文件的解释方法，也可以在导入首选项对话框的"将未标记的 Alpha 解释为"选项中修改 Alpha 通道默认解释，这尤其有助于从一致使用同一类的 Alpha 通道的应用程序中导入素材，解释方法包括如下。

◆ 询问用户：每次导入带 Alpha 通道素材时，显示解释选择对话框。

◆ 猜测：决定图像中使用的 Alpha 通道的类型，如果 After Effects CC 不能确定，产生蜂鸣声。

◆ 忽略 Alpha：忽略文件中的全部透明数据。

◆ 直接（无遮罩）：将 Alpha 通道解释为直接类型，如果为素材创建的应用程序不是预乘类型，选择此选项。

◆ 预乘：将 Alpha 通道解释为自定义颜色的预乘类型，默认是黑色。

除了导入包含 Alpha 通道的素材比较典型之外，其实导入 Adobe Photoshop 分层文件也有很多值得注意的问题。

将 Adobe Photoshop 文件直接导入 After Effects，可以保留 Photoshop 中制作的单独的图层、图层蒙版和指引等。导入图层时，可以很方便地使用 Photoshop 的图像编辑工具制作静态图像，也可导入 Photoshop 的文档并将其转换为 After Effects 中的可编辑文档。

但要注意的是，只有某些 Photoshop 图层样式可以导入 After Effects 中，包括阴影、内部阴影、外部光线、内部光线、斜面、浮雕和填充色。可以使用时间线窗口或效果控制窗口，对图层样式进行编辑或删除，也可在图层样式中进行动画操作。

下面简单介绍一下如何导入 After Effects CC 和 Premiere Pro CC 项目文件。在 After Effects CC 中，可以将一个项目导入另一个项目中。导入的项目中包括素材文件、合成图像和文件夹，都将在当前项目窗口中新建的文件夹中显示。当需要使用在另一个项目中应用到的复杂蒙版、效果或动画时，可以导入包含这些效果的项目，它包含全部效果、合成图像、图层的完整设置，然后只需要进行简单的替代源素材操作。

　　如果需要从不同平台上导入 After Effects 项目，就需要保持项目中的文件名、文件夹名、完整路径或相关路径（文件夹位置）。如果使用的操作系统不支持某一文件格式，或文件丢失，或参考链接损坏，After Effects CC 用包含彩色条的占位符替代，可以双击占位符重新链接文件，同样也可以将项目控制面板中的素材与相应的源文件链接起来。

　　在 After Effects CC 中导入 Premiere Pro CC 项目，不需要在应用视觉效果和动画之前对工程进行渲染。导入 Premiere Pro CC 项目时，After Effects CC 将其导入项目窗口中，即作为一个包含每个 Premiere Pro CC 片段的新合成，也作为一个图层，同时产生一个包含每个片段的文件夹，文件夹中每个片段都作为单独的素材项目。如果 Premiere Pro CC 项目包含项目夹，After Effects CC 将它们转换为 Premiere Pro CC 文件夹下的子文件夹。

2.3.4　输出设置

　　当一个项目制作完成，接下来就是输出成品。为了加快渲染速度，可以先清理内存，选择主菜单"编辑"|"清理"|"所有内存"命令。

　　下面以输出 PNG 序列文件为例讲解一下渲染输出的设置。

　　01　首先激活要输出的时间线窗口，选择主菜单"合成"|"添加到渲染队列"命令，自动添加渲染队列，如图 2-28 所示。

图 2-28

　　02　在"渲染队列"面板中单击渲染设置对应的选项，在弹出的"渲染设置"对话框中设置渲染文件的品质、分辨率以及时间采样等选项，然后单击"确定"按钮关闭对话框，如图 2-29 所示。

　　03　在"渲染队列"面板中单击输出模式对应的选项，在弹出的"输出模块设置"对话框中设置渲染文件的格式、视频输出、尺寸等选项，然后单击"确定"按钮关闭对话框，如图 2-30 所示。

图 2-29

图 2-30

04 在"渲染队列"面板中单击"输出到"对应的选项，在弹出的"将影片输出到"对话框中设置渲染文件的名称和路径，单击"确定"按钮关闭对话框，如图 2-31 所示。

05 当设置完成后，就可以单击"渲染"按钮开始渲染，直到完成。

06 高版本的 After Effects CC 并不能直接输出动态 GIF 文件了。我们要使用 Adobe Media Encoder CC 进行渲染就可以完成任务。打开软件 Adobe Media Encoder CC 2017，在"队列"窗口中添加需要输

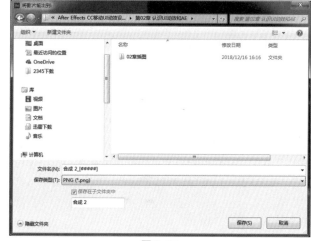

图 2-31

出的 After Effects CC 项目和合成时间线，指定输出预设为"动画 GIF"，如图 2-32 所示。

07 指定输出文件的位置和名称，然后单击"启动队列"按钮 开始渲染。

08 针对手机模式可以选择适合的模式，如图 2-33 所示。

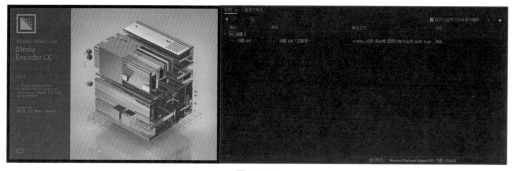

图 2-32

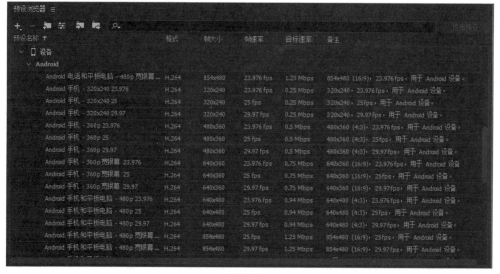

图 2-33

2.4　入门练习

2.4.1　加载条动画

本实例的最终效果如图 2-34 所示。

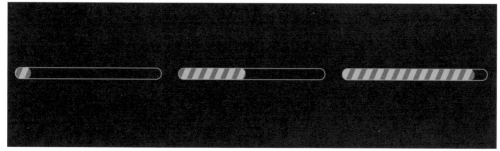

图 2-34

制作步骤：

01　运行 After Effects CC 2017，新建一个项目并命名为"加载条"，新建一个合成，选择预设"自定义"选项，根据常用的手机 H5 页面尺寸设置"宽度"和"高度"分别为 640 像素和 1040 像素，如图 2-35 所示。

02　创建一个暗黄绿色图层，设置尺寸为 1040×1040，选择主菜单"视图"|"显示标尺"命令，如图 2-36 所示。

图 2-35

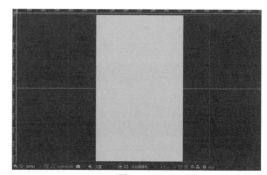

图 2-36

03　为该纯色图层添加"网格"滤镜，设置具体参数，如图 2-37 所示。

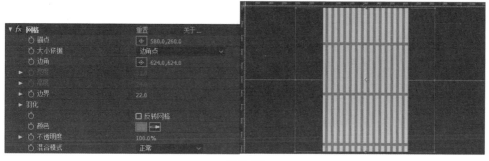

图 2-37

04 添加"CC 倾斜"滤镜，设置具体参数，如图 2-38 所示。

图 2-38

05 在顶部的工具栏中选择圆角矩形工具■，在合成预览视图中绘制一个长条的圆角矩形，如图 2-39 所示。

06 在时间线窗口中调整图层的顺序，选择纯色图层的"轨道遮罩"选项为 Alpha，如图 2-40 所示。

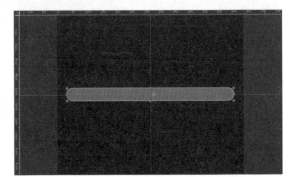

图 2-39

图 2-40

07 展开绿色图层的"位置"属性栏，在合成的起点和终点设置关键帧，数值分别为 (−600,740) 和 (260,460)，单击播放按钮▶查看动画效果，如图 2-41 所示。

图 2-41

08 选择顶层的形状图层，展开"位置"属性栏，在合成的起点和终点分别设置关键帧，数

值分别为 (−240,520) 和 (330.8,460)，单击播放按钮▶查看动画效果，如图 2-42 所示。

图 2-42

09 从项目窗口中拖曳"合成 1"到底部的合成图标🎬上，创建一个新的合成，自动命名为"合成 2"。复制"合成 1"中的"形状图层 1"并粘贴到"合成 2"的时间线的顶层，删除第一个"位置"属性的关键帧，然后设置底层"合成 1"的"轨道遮罩"选项为 Alpha，如图 2-43 所示。

图 2-43

10 在时间线窗口中选择图层"形状图层 1"，按 Ctrl+D 组合键进行重复，自动命名为"形状图层 2"，选择该图层激活可视性图标👁，设置无填充和描边颜色为浅灰色，如图 2-44 所示。

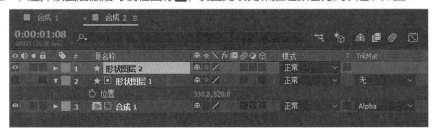

图 2-44

11 单击播放按钮▶，查看加载条的动画效果，如图 2-45 所示。

图 2-45

2.4.2　加载进度百分数

本实例的最终效果如图 2-46 所示。

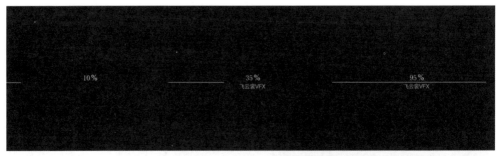

图 2-46

制作步骤：

01 新建一个合成，选择预设"自定义"
选项，根据常用的手机 H5 页面尺寸设置"宽度"
和"高度"分别为 640 像素和 1040 像素。

02 新建一个纯色图层，重命名为"时码
变换"，添加"时间码"滤镜，设置具体参数，
如图 2-47 所示。

图 2-47

03 拖曳当前指针查看数码变换的动画效果，如图 2-48 所示。

图 2-48

04 新建一个纯色图层，放置于顶层，选择底层"时码变换"，选择"轨道遮罩"选项为
Alpha，这样顶层就不再显示。

05 拖曳当前指针到第 9 帧，激活顶层，选择矩形工具 ▇，在合成预览视图中绘制遮罩，如
图 2-49 所示。

06 在时间线窗口中展开"蒙版路径"属性栏，创建一个关键帧，拖曳当前指针到第 10 帧，
直接在合成预览视图中调整蒙版的形状，创建第二个关键帧，如图 2-50 所示。

07 拖曳当前指针到 4 秒，直接在合成预览视图中调整蒙版的形状，创建第三个关键帧，
如图 2-51 所示。

图 2-49

图 2-50   图 2-51

08 在时间线窗口中右击第二个关键帧，从弹出的快捷菜单中选择"切换定格关键帧"命令，

这样从该关键帧到下一个关键帧之间遮罩的形状不会发生变化，保持了第二个关键帧时的状态。

09 选择文字工具**T**，创建一个文本图层，输入字符"%"，设置文本属性并调整位置等参数，如图 2-52 所示。

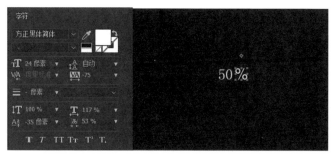

图 2-52

10 配合加载百分比的变化，还可以添加一个生长的线条。选择矩形工具，在合成预览窗口中直接创建一个细长条，选择锚点工具，在合成预览窗口中调整该矩形的轴线点到左端，如图 2-53 所示。

11 在时间线窗口中展开形状图层的"缩放"属性栏，在合成的起点和终点创建关键帧，数值分别为 (0,100%) 和 (102,100%)。拖曳当前指针查看线条生长的动画效果，如图 2-54 所示。

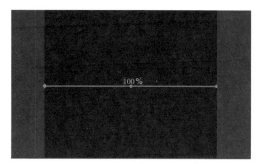

图 2-53

图 2-54

12 在加载过程中也可以显现公司的名称。选择文字工具，创建一个文本图层，输入字符"飞云裳 VFX"，设置文本属性并调整位置，如图 2-55 所示。

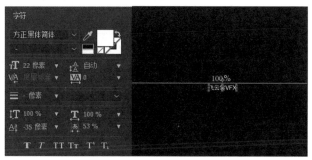

图 2-55

13 在时间线窗口中为该图层的"不透明度"属性添加表达式：wiggle(10, 200,amp_mult = .5, t = time)，创建文本闪烁的动画效果。

14 单击播放按钮 ▶，查看加载条的动画效果，如图 2-56 所示。

图 2-56

2.4.3　Logo 演绎动画

本实例的最终效果如图2-57所示。

制作步骤：

01 新建一个合成，重命名为"光线环绕"，选择预设"自定义"选项，设置"宽度"和"高度"均为1040像素，"持续时间"的值为3秒。

02 新建一个纯色图层，重命名为"光线"，添加 3D Stroke 滤镜，拖曳当前指针到 8 帧，调整滤镜参数，并设置"起""末"和"Z 旋转"的关键帧，如图 2-58 所示。

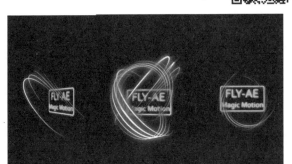

图 2-57

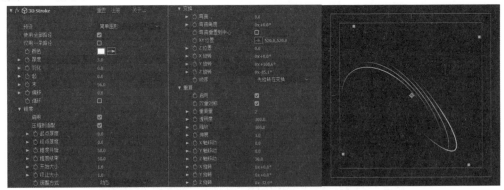

图 2-58

03 拖曳当前指针到合成的起点，调整"起"的数值为 94、"末"的数值为 28、"Z 旋转"的数值为 -125，创建新的关键帧，调整"Y 旋转"的数值为 137.5 并设置关键帧。

04 拖曳当前指针到 1 秒 04 帧，设置"厚度"的关键帧，数值为 3；拖曳当前指针到 1 秒 13 帧，调整"厚度"的数值为 0.2、"Y 旋转"的数值为 0、"Z 旋转"的数值为 313，"透明度"的数值为 100，设置新的关键帧；拖曳当前指针到 1 秒 15 帧，调整"透明度"的数值为 0，创建新的关键帧。查看线条的动画效果，如图 2-59 所示。

图 2-59

05 添加 Starglow 滤镜，选择"预置"项为"暖色星光 2"，并设置"光线长度"的数值为 30，如图 2-60 所示。

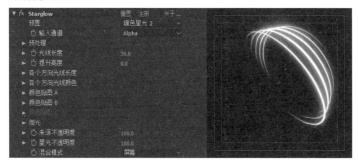

图 2-60

06 在时间线窗口中三次复制图层"光线"，重命名为"光线 2""光线 3"和"光线 4"，调整图层"光线 2"的起点为 8 帧，图层"光线 3"的起点为 16 帧，图层"光线 4"的起点为 22 帧。分别调整四个图层的"旋转"数值为 −40、−138、140 和 40，如图 2-61 所示。

图 2-61

07 选择图层"光线 4"，展开滤镜 3D Stroke 的"变换"属性栏，分别在图层的起点、1秒 20 帧、2 秒和 2 秒 07 帧设置"XY 位置"的关键帧，数值分别为 (960,520)、(960,540)、(930,523) 和 (895,568)。查看光线的动画效果，如图 2-62 所示。

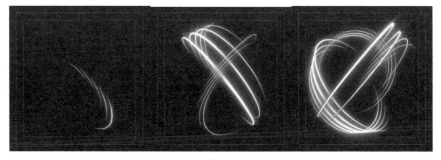

图 2-62

08 新建一个合成,重命名为"Logo",选择文字工具,输入字符并调整字符属性,如图2-63所示。

09 选择主菜单"图层"|"图层样式"|"斜面和浮雕"命令,为文字添加样式效果,如图2-64所示。

10 继续添加其余的字符和边框,如图2-65所示。

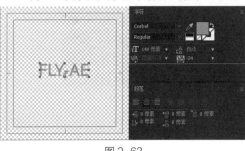

| 图 2-63 | 图 2-64 | 图 2-65 |

11 新建一个合成,命名为"最终合成",选择预设"自定义"选项,设置"宽度"和"高度"均为1040像素,"持续时间"为3秒。

12 从项目窗口中拖曳合成"光线环绕"到时间线窗口中,设置"缩放"的数值为60%。

13 添加"色相/饱和度"滤镜,设置具体参数,如图2-66所示。

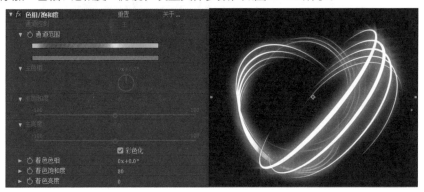

图 2-66

14 从项目窗口中拖曳合成"Logo"到时间线窗口中的底层,重命名为"Logo发光",设置"缩放"的数值为50%,如图2-67所示。

15 添加"发光"滤镜,接受默认参数,再添加"发光"滤镜,调整"发光阈值"的数值为40%,调整"发光半径"数值为30,查看合成预览效果,如图2-68所示。

| 图 2-67 | 图 2-68 |

16 激活该图层的3D属性,然后进行复制,重命名下面的图层为"Logo遮罩",并设

置为图层"Logo 发光"的子对象。

17 选择图层"Logo 发光"，按 R 键，展开"旋转"属性，设置"Y 旋转"的关键帧，在合成的起点时数值为 90，2 秒 05 帧时数值为 0。查看合成预览动画效果，如图 2-69 所示。

图 2-69

18 拖曳当前指针到 1 秒，选择底层"Logo 遮罩"，绘制一个矩形蒙版，并设置"蒙版路径"的关键帧，拖曳当前指针到 2 秒 05 帧，调整矩形蒙版的形状，创建蒙版动画，如图 2-70 所示。

图 2-70

19 选择图层"Logo 发光"，按 T 键展开"不透明度"属性，分别在 2 秒和 2 秒 20 帧设置关键帧，数值分别为 100% 和 0，创建淡出动画效果。

20 这是区别于图形、线条和文字动画的效果，通过炫丽的光线作为装饰元素，也是很有吸引力的一种表达。单击播放按钮▶查看完整的动画效果，如图 2-71 所示。

图 2-71

2.5　本章小结

本章主要概括了 After Effects CC 的基本功能，介绍了常用控制面板的功能及使用方式，为了使读者更好地理解工作流程，通过入门实例详细讲解了素材的导入和组织、图层运动和滤镜的应用，以及应用 After Effects 进行动效制作的常规流程和基本技巧。

第3章 图层控制与动画

本章主要讲解图层的创建、命名、排列、剪切以及关联等控制特性，详细介绍图层的混合模式与效果、透明与遮罩的应用技巧，还逐步讲解了图层的动画设置和预设的使用技巧。

3.1 图层控制

图层是构建合成的成分，无论添加哪种类型的对象——静态图像、文本、运动素材、音频文件、灯光、摄像机、空对象、调节图层或者其他合成，都将成为新的图层，如图 3-1 所示。

图 3-1

使用图层可以在合成中只编辑指定的素材，而不必影响其他素材。比如，可以对某个图层进行移动、旋转和绘制遮罩，而不会干扰合成中的其他图层，或者在一个或更多的图层中使用同一个素材，可以在同一个合成中复制图层，也可以复制后粘贴到其他合成中。

After Effects 在合成中自动排序图层，默认状况下，在时间线窗口中图层名称旁边可以看到数字序号，不过当图层堆叠顺序发生改变时，对应图层的序号自动改变。

3.1.1 创建与管理图层

在 After Effects 中，最简单的也是使用最多的方法就是从素材创建图层。从项目窗口中的任意素材创建新的图层，一旦添加一个素材对象到合成中，就可以调整该图层。

对于项目窗口中的素材，可以拖曳到时间线上成为新的图层，而对于纯色图层、灯光、摄像机和空对象，可以选择主菜单"图层"|"新建"命令来创建，然后在相应的设置面板中设置参数，方法比较简单。

当应用效果到一个普通的图层，该效果只影响这个图层，而应用到调节层的效果却能影响时间线窗口中排列其下的所有图层，这样就可以一次性调整多个图层。在其他方面，调节层和其他图层没有什么差别，比如可以使用关键帧或表达式来控制调节层的属性，如果只想对部分图像应用效果，可以在调节层上绘制蒙版。

当在时间线窗口中创建了多个图层，可以改变图层堆叠顺序，调整合成的显示内容，改变调节层的顺序将改变受其影响的图层。如果是 3D 图层，它们的深度属性决定其在合成中显示的顺序，而在时间线窗口中的堆叠顺序并不代表它们的位置。

为了方便图层的管理，重命名图层是个非常好的习惯。默认状态下，时间线窗口中的图层略图使用图层素材的名称，但可以随时重命名。在时间线窗口中选择要重命名的图层，按 Enter 键然后键入新的名称即可。

也可以在"信息"面板中查看图层源名称。After Effects 可以在"信息"面板中显示源文件名称，当源素材是静态图像序列时很有用，因为每一个静态图像都有不同的名称。如果切换显示源文件名称和图层名称，单击"源名称"或"图层名称"标题。

针对多图层的时间线窗口来说，还有一种提高工作效率的方法，就是消隐图层，对于已经应用了效果或完成了动画等工作的图层，通过激活"消隐"属性使其不在时间线窗口中显示，不过不用担心，这不会影响在合成中的显示内容，这一点与图层的可视性不是一个概念，每个图层对应的可视性图标是控制该图层在合成中是否显示，关闭"视频开关"则该图层的内容在合成中是不存在的。

除了隐藏或消隐图层外，还有一种便于预览或渲染图层的隔离方式，就是图层独奏，单独显示图层可以从合成中排除所有其他同类型的图层。例如，如果单显一个视频图层，任何灯光和音频图层都不受影响，当预览和渲染合成时，它们依然正常显示，而其余的视频图层就不能显示了。同样，图层独奏有利于加快屏幕刷新、预览和渲染输出，如图 3-2 所示。

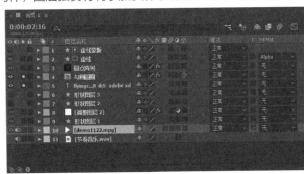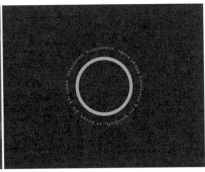

图 3-2

在 UI 动效设计中，各视觉元素的排列是非常频繁的工作，在 After Effects 中使用"对齐"面板可以将选择的图层均匀排列在 2D 合成的空间中，也可以沿水平或垂直轴向分布选择的图层。首先选择需要对齐或分布的图层，然后选择主菜单"窗口"|"对齐"命令，在"对齐"面板中单击对齐或分布形式的图标，如图 3-3 所示。

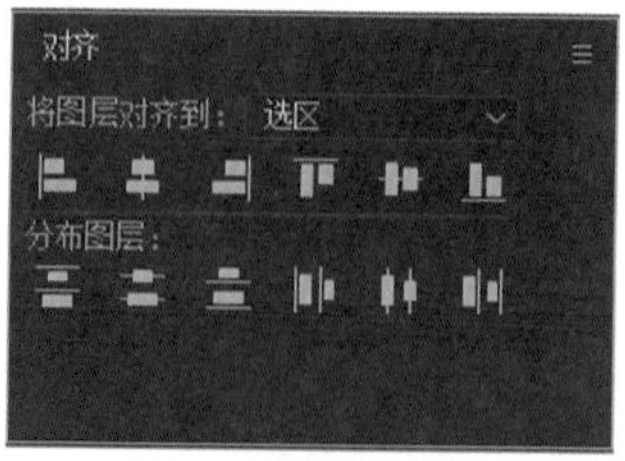

当对齐和分布选择的图层时，切记以下几点。

◆ 对齐选项将选择的图层向最符合对齐条件的对象进行对齐。例如，选择右边对齐，所有选择的图层将与右边最远的对象对齐。

◆ 分布选项将选择的图层均匀分布在两个最尽头的图层之间。

◆ 当分布不同尺寸的图层时，图层之间的间隔可能不一致。例如，根据中心分布可以保证图层的中心间隔相同，但由于尺寸不同就会造成图层之间的间隔不同。

◆ 锁定的图层不能因对齐和分布选项而移动。

◆ 文本对齐不受"对齐"面板的作用。

图 3-3

3.1.2 图层剪辑

通过改变图层的入点和出点可以按时间放置图层。入点和出点栏以数字形式表示图层的时间长度，而长度条更直观地表示图层长度，如图 3-4 所示。

图 3-4

在时间线窗口中显示入点和出点属性栏，直接在数值上左右拖曳就可以调整数值，也可以单击需要修改的数值框，然后键入一个新的时间并单击"确定"按钮，如图 3-5 所示。

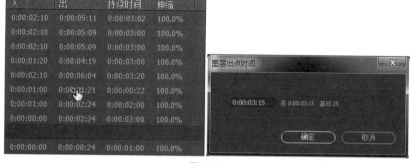

图 3-5

在时间线窗口中，向左或向右拖曳图层长度条，可以改变图层的时间，如果使图层的长度条捕捉特性点（比如标记或合成的起始点），按住 Shift 键拖曳图层长度条。

在时间线窗口中可以在任一时间点将一个图层进行分裂，创建两个独立的图层。当分裂一个图层后，两个新图层包含所有源图层的关键帧，源图层的终点位于分裂点，也正是新图层的起点。

分裂图层也是一个复制并修剪图层比较省时的方法，不过，有时需要改变图层的堆叠顺序。可以设置分裂图层的堆叠位置，选择主菜单"编辑"｜"首选项"｜"常规"命令，勾选"在原始图层上创建拆分图层"选项，使新的分裂图层在时间线窗口中位于源图层的上层，如果不勾选该选项则位于源图层的下层，如图 3-6 所示。

图 3-6

在图层预览窗口的底部面板中，入点和出点涉及源文件的时间位置，而不是该图层出现在合成中的时间。例如，如果只想显示一段影片的特定帧，就可以在图层控制面板中修剪影片素材，并由相应的数字表示入点、出点以及时间长度，而在时间线窗口中，入点和出点栏表明该素材在合成中出现的时间，如图 3-7 所示。

图 3-7

对于已经放置在时间线窗口上的图层，可以继续修剪，常用以下两种方式。

◆ 在时间线窗口中拖曳图层长度条的两端。

◆ 在图层控制面板中移动当前时间指针到需要素材开始或结束的位置，然后单击 { 或 } 按钮以重新设置入点或出点。

为了快速准确地将图层片段移动到指定的时间位置，首先在时间线窗口中选择图层，然后移动当前时间指针到需要的位置，按 [或] 键使修剪图层的入点或出点对齐当前时间指针。

在进行图层剪辑和组建合成时经常会用到标记点，来指明特定的时间点和内容说明。合成时间标记出现在时间线窗口的时间标尺上。After Effects 会自动按添加顺序以数字方式命名，在一个合成中可以放置十个合成时间标记，一旦删除其中一个标记点，其他标记仍保持原来的序号。

使用合成时间标记和图层时间标记可以在一个合成或一个指定图层中标记重要的点。合成时间标记是数字的，而图层时间标记是文本标签的，如图 3-8 所示。

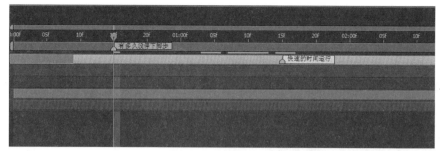

图 3-8

如果添加图层时间标记点，首先选择该图层，移动当前时间指针到需要标记的位置，选择主菜单"图层"|"添加标记"命令，然后双击该图层标记，在"图层标记"对话框中键入名称或注释，单击"确定"按钮关闭对话框，如图 3-9 所示。

如果移动一个图层标记点，可以在时间线窗口中拖曳图层标记到需要的位置或者双击该图层标记，在标记栏中键入需要的时间值。

标记点还可以很容易地将图层或当前时间指针与指定的时间点对齐，当在时间线窗口中进行拖曳时只需按住 Shift 键，它们就会捕捉标记点。

图 3-9

3.1.3　混合模式

混合模式控制多个图层如何混合或者相互作用。除了"模板"和"轮廓"混合模式比较特殊作用于 Alpha 通道外，其他混合模式决定与其他图层混合时颜色表现的形式。After Effects CC 中的混合模式与 Adobe Photoshop CC 中是一样的。

如果在时间线窗口中没有显示"模式"属性栏，单击时间线窗口底部的"展开或折叠'转换控'窗格"按钮，或者从时间线窗口快捷菜单中选择"列数"|"模式"命令。

下面应用一个黄灰渐变图层（设置不透明度为 75%）和实拍的街景混合，对应用不同的混合模式做简单的解释和比较。

第一组主要是正常和溶解混合。对比效果如图 3-10 所示。

| 正常 | 溶解 | 动态溶解 |

图 3-10

◆ 正常：在下面图层的顶部合成该图层。

◆ 溶解：根据图层的透明度随机从下面图层的颜色替换本层颜色。

◆ 动态溶解：功能与"溶解"一样，除了随机颜色置换随时间改变。

第二组是以颜色加深为主的混合模式，对比效果如图 3-11 所示。

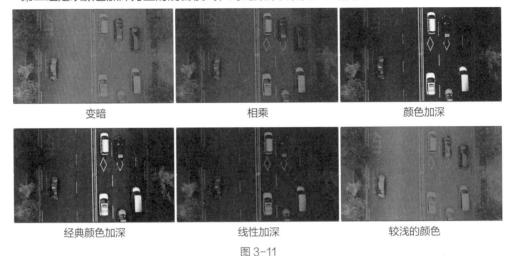

变暗   相乘   颜色加深

经典颜色加深   线性加深   较浅的颜色

图 3-11

◆ 变暗：比较下面图层和源图层颜色的通道值，并且显示两者中较深的。该模式可以导致颜色转换。

◆ 相乘：将下面和源图层的颜色值相乘，并且根据 8 位或 16 位像素的最大像素值分离结果。该结果颜色不会比原颜色更亮。

◆ 颜色加深：查看每层的颜色信息并且加深源层颜色，通过增加对比度反射下面层的颜色。源图层中的纯白色不会改变下面的颜色。

◆ 经典颜色加深：用于加深基于源图层颜色的结果颜色。源图层颜色越深，结果颜色越深。源图层中的纯白色不会改变下面的颜色，源图层中的纯黑色通常会将下面的颜色变成黑色。

◆ 线性加深：查看每层的颜色信息并且加深原层颜色，通过降低亮度反射下面的颜色。纯白色不产生任何改变。

◆ 较深的颜色：比较混合色和基色的所有通道值的总和并显示值较小的颜色，它不会生成第三种颜色（可以通过"变暗"混合获得），因为它将从基色和混合色中选取最小的通道值来创建结果色。

第三组是以变亮减淡为主的混合模式，对比效果如图 3-12 所示。

相加   变亮   屏幕

颜色减淡   经典颜色减淡   线性减淡   较浅的颜色

图 3-12

◆ 相加：结合源图层与下面图层的颜色值，最终颜色比源层颜色要亮。这对于混合两个层的无交叉图像十分有用。源图层中的纯黑色不会改变下面的颜色，下面图层中的纯白色永远不变。

◆ 变亮：比较源图层与下面图层的通道值，并且显示两者中较亮者。该模式可以导致颜色转换。

◆ 屏幕：将所有图层中颜色的反转亮度值相乘，结果颜色总要比源图层颜色亮。使用该模式，类似于将两个不同的反转胶片混合在一起并冲印出来。

◆ 颜色减淡：查看每层的颜色信息并且加亮源层颜色，通过减小对比度反射下面层的颜色。源图层中的纯黑色不改变下面的颜色。该模式与 Adobe Photoshop 中的 Color Dodge（颜色躲避）混合模式相同。

◆ 经典颜色减淡：加亮基于源层颜色的结果颜色。源层颜色越亮，结果颜色越亮。源层中的纯黑色不改变下面的颜色，源层中的纯白色通常将下面的颜色改变成白色。

◆ 线性减淡：查看每层的颜色信息并且加亮源层颜色，通过增加亮度反射下面的颜色。纯黑色不产生任何改变。

◆ 较浅的颜色：比较混合色和基色的所有通道值的总和并显示值较大的颜色，它不会生成第三种颜色（可以通过"变亮"混合获得），因为它将从基色和混合色中选取最大的通道值来创建结果色。

第四组主要是叠加和光混合，对比效果如图 3-13 所示。

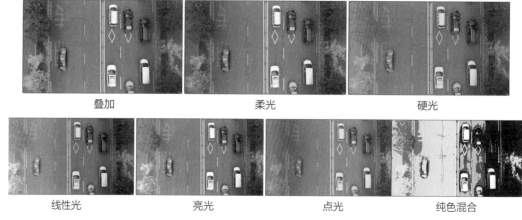

叠加　　　　　　　　　　　柔光　　　　　　　　　　　硬光

线性光　　　　　　亮光　　　　　　点光　　　　　纯色混合

图 3-13

◆ 叠加：混合图层之间的颜色，保留高亮和阴影以反射源图层的灯光和较暗的区域。

◆ 柔光：根据源图层的颜色加深或变亮结果颜色，效果类似于对图层应用一个漫反射的聚光灯。如果下面颜色比 50% 灰度更亮，该图层变亮；如果下面颜色比 50% 灰度更暗，该图层变暗。纯白或纯黑的图层将明显地更暗或更亮，但是不会改变纯白或纯黑色。

◆ 硬光：根据源图层的颜色相乘或屏幕结果颜色，结果类似于在该图层上照射一个刺目的聚光灯。如果下面颜色比 50% 灰度更亮，该层会变亮；如果下面的颜色比 50% 灰度更暗，该层变暗就像被相乘一样。该选项多用于创建一个图层上的阴影效果。

◆ 线性光：根据下面图层的颜色，通过降低或增加亮度燃烧或躲避颜色。如果下面的颜色比 50% 灰度更亮，该图层增加亮度而变亮；如果下面颜色比 50% 灰度暗，该图层降低亮度而变暗。

◆ 亮光：根据下面图层的颜色，通过增加或降低对比度燃烧或躲避该图层颜色。如果下面颜色比 50% 灰度亮，该图层通过降低对比度变亮；如果下面颜色比 50% 灰度暗，该图层通过增加对比度变暗。

◆ 点光：根据下面图层的颜色进行替换。如果下面颜色比 50% 灰度亮，将替换比下面图层颜色更暗的像素，而比下面亮的不会改变；如果下面颜色比 50% 灰度暗，比下面颜色亮的颜色被替换，而比下面颜色暗的不会改变。

◆ 纯色混合：增强源图层遮罩范围内可见的下面图层的对比度。遮罩尺寸确定对比度的区域，反转的源图层确定对比度区域的中心。

第五组主要是差值和相减等模式，对比效果如图 3-14 所示。

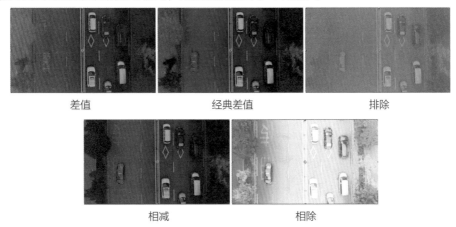

差值　　　　　　　　　　　经典差值　　　　　　　　　　排除

相减　　　　　　　　　　　相除

图 3-14

◆ 差值：查看每层的颜色信息并且从源图层减去下面的颜色或从下面图层的颜色减去源层颜色，这取决于哪个的颜色亮度值更高。纯白色会反转源层的颜色值；纯黑色不发生任何改变。

◆ 经典差值：将该层和下面颜色的通道值相减，并且显示结果的绝对值。

◆ 排除：效果类似于"差值"模式但较其对比度要低。以白色混合则反转下面图层的颜色值，以黑色混合则不产生任何改变。

◆ 相减：查看每个通道中的颜色信息，并从基色中减去混合色。在 8 位和 16 位图像中，任何生成的负片值都会剪切为零。

◆ 相除：查看每个通道中的颜色信息，并从基色中划分混合色。

第六组主要是色相、饱和度和颜色模式，对比效果如图 3-15 所示。

色相　　　　　　　　饱和度　　　　　　　　颜色　　　　　　　　发光度

图 3-15

◆ 色相：根据下面图层颜色的亮度、饱和度以及源层颜色的色调创建结果颜色。

◆ 饱和度：根据下面图层颜色的亮度、色调以及该层颜色的饱和度创建结果颜色。如果使用没有饱和度（灰色）的层应用该模式，将不会发生改变。

◆ 颜色：通过下面图层颜色的亮度和源图层颜色的色调和饱和度创建结果颜色，用于保持图像灰度水平。

◆ 发光度：根据下面图层颜色的色调、饱和度以及源图层颜色的亮度创建结果颜色。该选项为"颜色"选项的反转。

第七组主要是模板和轮廓模式，对比效果如图 3-16 所示。

模板 Alpha   模板亮度   轮廓 Alpha   轮廓亮度

图 3-16

◆ 模板 Alpha：使用图层的 Alpha 通道创建模板。

◆ 模板亮度：使用图层的亮度值创建模板。图层中亮的像素比暗的像素透明度要低。

◆ 轮廓 Alpha：使用图层的 Alpha 通道创建轮廓。

◆ 轮廓亮度：使用图层的亮度值创建轮廓。图层中亮的像素比暗的像素更透明。

第八组只包含 Alpha 添加和冷光预乘两种模式，对比效果如图 3-17 所示。

Alpha 添加   冷光预乘

图 3-17

◆ Alpha 添加：正常合成图层，通过附加 Alpha 通道创建一个完美的透明区域，用于删除从两个相反的 Alpha 通道混合时的可见边缘或者动画处理的两个相互接触的图层的 Alpha 通道边缘。

◆ 冷光预乘：在将 Alpha 通道添加到合成之后，防止超过 Alpha 通道值的颜色裁切。用于合成具有预乘 Alpha 通道的素材的镜头或灯光效果（如镜头光斑），还可以改善从其他制作蒙版软件导入的素材。在应用该模式时，通过改变预乘 Alpha 通道源素材的解释为直接 Alpha 通道，可以得到最好的合成效果。

混合模式不能设置关键帧动画，如果需要混合模式在特定时间发生变化，则在该时刻拆分图层，并在该处应用新的混合模式，可以使用"通道"滤镜组中的"复合运算"滤镜，其中包含一部分混合模式，可以随时间而改变，如图 3-18 所示。

图 3-18

3.2 透明控制

图层包含 RGB 颜色信息，而包含的透明信息会储存在该图层的 Alpha 通道中。如果一个图层不包含 Alpha 通道或本身的 Alpha 通道不符合合成时部分透明的需求，则可以使用蒙版对该图层的不同部分进行显示和隐藏，也可以结合多个图层以达到更完美的效果，通过混合模式控制颜色或亮度值的强度和透明度，并且在一个图层中通过颜色通道改变另一个层的效果。

3.2.1　透明概念

在理解图层的部分混合之前先要理解图像通道的概念。颜色信息包含在红、绿和蓝三个通道中，另外还包含一个看不到的包含透明信息的第四通道，称为 Alpha 通道。Alpha 通道提供了一种在一个文件中同时存储图像和透明信息并不扰乱颜色通道的方式，如图 3-19 所示。

分离的颜色通道

Alpha 通道　　　　　　　　通道合成的效果

图 3-19

当在 After Effects 合成视图中查看 Alpha 通道时，白色代表完全不透明，黑色代表完全透明，而灰色代表部分透明。

许多文件格式可以包含 Alpha 通道，比如 TGA、PNG、EPS、PDF 和 AI 格式。对于 Adobe Illustrator EPS 和 PDF 文件，After Effects 自动将空白区域转化成 Alpha 通道。

如果图层本身包含透明信息，就可以直接与其他图层混合，但很多时候图层本身尤其是实拍的素材并没有 Alpha 通道，或者需要自己定义透明区域，那就需要用到键控创建透明通道或者应用蒙版来创建符合要求的透明区域。

键控技术常被称为蓝 / 绿幕或抠像，虽然不必使用蓝 / 绿色，可以使用任何区别于前景的纯色作为背景色。键控可以简化前景对象在一致的背景颜色中的移动，或者运动对象太复杂不易于创建蒙版，当选择一个颜色值时，所有颜色值相似的像素变成透明，从而自动形成透明信息的通道。其实键控还包含通过亮度键改变图像的透明度。

3.2.2　轨道遮罩

在 After Effects 中，图层的混合经常使用轨道遮罩的 Alpha 通道和像素的亮度确定透明度。当需要通过没有 Alpha 通道层或从不能创建 Alpha 通道的项目导入层创建轨道遮罩时，使用亮度十分有效。在 Alpha 通道遮罩和亮度遮罩中，像素越高越透明。多数情况下，使用高对比遮罩以便于该区域完全透明或完全不透明。中间阴影仅出现在需要部分或逐渐透明的位置，例如沿着一个柔和的边缘，如图 3-20 所示。

图 3-20

创建轨迹遮罩的大致步骤如下。

01 单击时间线窗口底部的"展开或折叠'转换控制'窗格"按钮，显示图层混合模式和轨道遮罩控制栏。

02 在时间线窗口中排列两个层，确定遮罩层刚好在指定填充层的上一级。

03 在填充层的 TrkMat 菜单中，通过选择以下选项指定上面的遮罩图层的透明度，如图 3-21 所示。

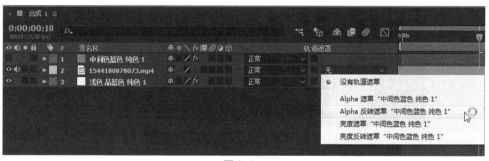

图 3-21

下面对轨道遮罩选项进行简单的解释。

◆ 没有轨道遮罩：不创建轨道遮罩，上面的相邻图层为一般图层。

◆ Alpha 遮罩：应用上面图层的 Alpha 通道作为本层的遮罩。

◆ Alpha 反转遮罩：应用上面图层的 Alpha 通道的反转图像作为本层的遮罩。

◆ 亮度遮罩：应用上面图层的亮度信息作为本层的遮罩。

◆ 亮度反转遮罩：应用上面图层的亮度反转信息作为本层的遮罩。

After Effects 将上面的相邻图层转化成轨道遮罩，将关闭轨道遮罩层的可视性，并且在时间线窗口中的轨迹遮罩层名称左侧添加轨道遮罩图标。

虽然关闭了遮罩层，但是仍可以选择该层进行重新定位、缩放或旋转，创建了一个移动的遮罩，如果需要将同样的动画属性应用于轨迹遮罩和填充层，则考虑预合成。After Effects 维持层的顺序及其复制或分离后的轨迹遮罩。在复制或分离的层中，轨迹蒙版保持在填充层顶部。

3.2.3 应用蒙版

应用钢笔或多边形工具直接在图层上绘制蒙版，是最常用最方便的方式，然后设置蒙版的羽化、不透明度和扩展等参数，获得自己需要的透明区域。当在一个层中创建了蒙版时，其名称会按照创建的顺序出现在时间线窗口中，可以对遮罩进行重命名，为了便于在合成窗口中更轻松地操作多重遮罩，还可以对每一个遮罩轮廓应用不同的颜色，如图 3-22 所示。

图 3-22

在一个合成中，可以在每个层中创建一个或多个蒙版。遮罩根据创建的顺序出现在时间线窗口中。创建遮罩的方法有以下几种。

◆ 通过工具栏中的工具绘制蒙版路径。

◆ 在"蒙版路径"对话框中指定遮罩形状的尺寸。

◆ 将运动路径转化成蒙版。

◆ 通过 Roto 笔刷工具绘制通道并转化成蒙版。

◆ 从其他层或 Adobe Illustrator 或 Adobe Photoshop 进行复制并粘贴路径。

◆ 通过"自动追踪"命令将文本转化成可编辑遮罩。

利用关键帧可以随时改变层的所有遮罩属性值，包括"蒙版路径""蒙版羽化""蒙版透明度"或"蒙版扩展"。若要动画遮罩形状，After Effects 会在最初关键帧指出顶点作为第一个顶点，并且按增加的顺序从第一个顶点开始对每个连续的顶点进行编号，然后 After Effects 会为所有连续的关键帧中相应的顶点指定相同的编号。After Effects 在原始关键帧与相邻关键帧中相应编号的顶点之间为每个顶点插入运动。"蒙版插值"提供了对创建遮罩形状关键帧、平滑、逼真的动画更高级的控制。一旦选择了蒙版形状关键帧进行插补，"蒙版插值"根据所做的设置创建中间关键帧，在"信息"面板中显示插补和创建关键帧数量的过程。选择主菜单"窗口"|"蒙版插值"命令即可打开该面板，如图 3-23 所示。

当创建了蒙版路径，在合成窗口或图层窗口中可以随意改变遮罩的形状，可以移动、删除或添加顶点以改变遮罩的形状；创建一个可变形的轮廓适应任何形状，甚至可以随时改变遮罩形状。

有些改变需要配合使用工具栏中的钢笔工具。若要使用这些工具，单击并且按住钢笔工具。当修改遮罩时，确信仅单击了已存在的顶点或者片段，否则可能会创建一个新的遮罩。

一个图层的多个蒙版，可以通过蒙版的混合模式用来控制图层内部不同蒙版之间的相互影响。默认状态下，所有蒙版都设置成"相加"项，结合相同图层上所选的所有蒙版的透明值。如果已经绘制的蒙版不需要产生作用，不必删除，只需选择该蒙版的模式为"无"即可，如图 3-24 所示。

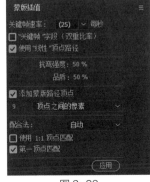

图 3-23

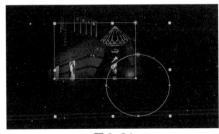

图 3-24

利用蒙版模式，可以创建复杂的具有多个透明区域的蒙版形状。例如当圆形蒙版应用不同模式时，最终蒙版的形状会产生不同的结果，如图 3-25 所示。

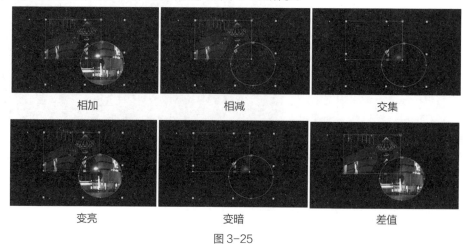

图 3-25

下面对蒙版模式进行一下简单的解释。

◆ 无：After Effects 对待蒙版就好像它不存在一样。该蒙版对于图层和合成没有效果。当需要使用蒙版路径又不需要在图层中创建透明区域时，如应用"描边"或"填充"效果时，该选项十分有用。

◆ 相加：在图层中合并所选蒙版区域与其他蒙版，在合成窗口中显示蒙版内容。在有多个蒙版交叉的地方，所有交叉蒙版的不透明区域会添加在一起。

◆ 相减：减去时间线窗口中位于其上的蒙版。当需要在另一个蒙版中间创建一个空洞外形时十分有用。

◆ 交集：在其上所有蒙版相加，但是在合成窗口中仅显示所选蒙版以及任何先前蒙版交叉的区域。在多个蒙版交叉的位置，所有交叉蒙版的不透明区域一起相加。

◆ 变亮：在其上所有蒙版中添加，在合成窗口中显示所有蒙版区域内容。在多个蒙版交叉的位置，使用最高的不透明值，所以不会增加不透明度。

◆ 变暗：在其上所有蒙版中添加，但是在合成窗口中仅显示所选蒙版以及任何其他交叉区域。在多个蒙版交叉的位置，使用最高的透明值，所有透明度不会增加。

◆ 插值：在其上蒙版中添加所选蒙版，并且在合成窗口中显示除了蒙版交叉区域的所有蒙版区域内容。

在 After Effects CC 中绘制蒙版或者设置蒙版羽化，方便创建边缘柔和的透明区，不过设置蒙版羽化的数值只能使这个蒙版边缘均匀地羽化，如果要沿着蒙版在不同的位置有不同的羽化值，那就要使用蒙版羽化工具。比如我们选择一个图层，绘制一个自由遮罩，设置羽化值为 50，查看遮罩和通道效果，如图 3-26 所示。

图 3-26

单击并按住工具栏中的钢笔工具 ，从下拉菜单中选择遮罩羽化工具 ，在合成预览视图中光标也随之改变，然后就可以直接单击蒙版绘制羽化区域了，如图 3-27 所示。

图 3-27

单击虚线的羽化区，增加控制点，可以调整遮罩不同位置的不同羽化值，如图 3-28 所示。

图 3-28

3.2.4　抠像特技

在后期的实际合成时，能够使用自带 Alpha 通道的素材并不多，对于非常复杂的动态素材，创建蒙版也是一件非常费力的事情，尤其是使用大量的拍摄素材时，就会多次地使用抠像特效。

所谓的抠像就是指选择蓝色或绿色背景进行前期拍摄，演员在蓝背景或绿背景前进行表演，将实拍的素材导入 After Effects 中，应用抠像工具产生一个 Alpha 通道识别图像中的透明度信息，图像在 Alpha 通道中的视图经常被称为蒙版视图。蒙版分别以白色、黑色和灰色代表不透明、透明和部分透明。

After Effects 包括很多样式的抠像或使图像部分透明的效果。"抠像"滤镜组中包含了很多滤镜，比如"亮度键""颜色键""差值遮罩""高级溢出抑制器""抠像清除器""内部/外部键""提取""线性颜色键""颜色差值键"和"颜色范围"，当然还有 Keylight 和 Primatte Keyer 等抠像插件。

要得到理想的键控效果，素材质量的好坏是最关键的因素，这就要求在前期拍摄时一定要重视光线的合理和均匀，同时为确保拍摄素材达到最高的清晰度和最好的颜色还原度，这样就避免了细微的颜色损失所导致的最后键控效果的巨大差异。所使用的背景最好是标准的纯蓝色(PANTONE2735) 或者纯绿色 (PANTON354)。

在使用抠像滤镜时，选择场景中最复杂的帧，包含最佳的细节如头发以及透明或半透明物体，如烟雾或玻璃。如果灯光是均匀的，在第一帧使用的设置会应用到所有后来的帧。如果灯光发生变化，则必须调整其他帧的抠像参数。

为了帮助查看透明状况，可以临时改变合成的背景颜色，或包含抠像图层后面的背景层。当在前景图层应用抠像时，会显示合成的背景（或者背景层），这会方便查看透明区域。

一旦使用抠像创建透明效果，使用遮罩工具可以删除抠像颜色的痕迹，从而创建洁净的边缘。After Effects CC 包含调整柔和遮罩、调整实边遮罩、简单阻塞工具和遮罩阻塞工具。

对于特定类型的素材项目在组合抠像时可以根据以下建议操作。

◆ 若要在蓝屏或绿屏背景的灯光效果很好的素材中创建透明效果，首先进行"颜色差值键"抠像。添加"高级溢出抑制器"清除抠像颜色的痕迹，然后如果必要的话，再使用一个或多个其他的遮罩精修工具。如果对结果并不满意，则从"线性颜色键"重新开始，如图 3-29 所示。

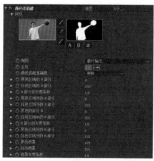

图 3-29

◆ 若要在多颜色背景素材中创建透明效果，或在不均匀灯光的蓝屏或绿屏背景素材中创建透明效果，则以"颜色范围"抠像开始。添加"高级溢出抑制器"或其他工具对遮罩进行精整。如果对结果并不完全满意，则试着以"线性颜色键"开始或添加该抠像，如图 3-30 所示。

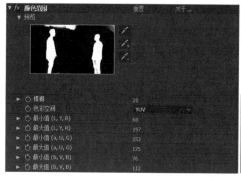

图 3-30

◆ 若要在黑暗或阴影区域创建透明效果，则使用"亮度键"或"提取"抠像，如图 3-31 所示。

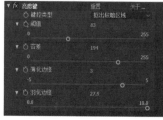

图 3-31

◆ 若要静态背景场景透明，则使用"差值遮罩"抠像，根据需要添加简单阻塞工具或其他工具精整蒙版。

Keylight 和 Primatte Keyer 都是高质量的抠像工具，可以使用多种键控特效，甚至连阴影、半透明等效果都能完美地将其再现出来。可设置的参数都很复杂，如图 3-32 所示。

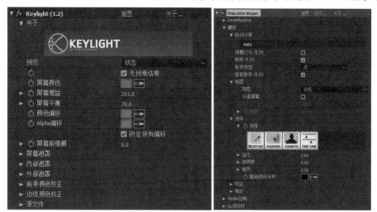

图 3-32

3.3 图层运动

图层运动的实质就是在不同的时间图层的属性发生改变。图层属性包含的内容很丰富，比如位置、缩放、旋转、不透明度、蒙版路径、蒙版羽化以及滤镜参数等，可以是某一个独立属性的变化，也可以是多个属性同时变化。

3.3.1 图层运动概述

图层有视频或静态图像，包含蒙版和变换属性，比如蒙版路径和图层旋转等，图层也包含其他属性，比如时间重映射、视频效果以及音频效果，如图 3-33 所示。

对于图层动画来说，用到最多的就是图层的变换属性，包含锚点、位置、缩放、旋转和不透明度。在 After Effects 中旋转和缩放图层都是基于图层锚点的，默认状态下，锚点位于图层的中心，但可以移动锚点的位置，也就改变了图层旋转和缩放的方式。

图 3-33

那么如何移动锚点呢？在时间线窗口中，展开图层的变换属性，调整锚点属性栏的数值就可以调整图层锚点，同时该图层会改变相对于其他图层的位置。更直观的方式是使用锚点工具移动图层的锚点而不改变图层在合成窗口中的相对位置。当在时间线窗口中选择了一个图层然后选择了锚点工具，图层的锚点被激活，直接在合成视图或图层视图中移动锚点即可，如图 3-34 所示。

图 3-34

在比较复杂的合成项目中，时间线窗口中会包含很多的运动图层，为了方便控制多图层运动可以预合成，也可以使用父子化。父子化可以影响除了透明度以外的所有变换属性。在时间线窗口的父子栏中指定父级图层，一个图层只能有一个父级，但一个图层可以作为同一个合成中任意2D 或 3D 图层的父级，如图 3-35 所示。

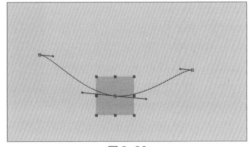

图 3-35

指定父子图层便于创建复杂的运动，比如牵线木偶运动或太阳系的轨迹运动。一旦设置一个图层为其他图层的父级，其他图层称为子图层。父子关系可以使父图层的变化与子图层相应的变化值同步。例如，如果父图层向右移动 5 个像素，子图层也会向右移动 5 个像素，也可以独立移动子图层。

3.3.2　运动路径

在 After Effects 中，当设置了图层位置的动画时，在预览视图中将显示运动路径。可以为图层的位置或锚点创建一条运动路径，运动路径显示在合成视图中，由许多序列小点组成，每一个点标记图层在每一帧的位置，路径中的小方块代表一个关键帧。在运动路径中小点的密度表示图层的相对速度，小点间距较近表示低速；小点间距较远表示高速，如图 3-36 所示。

图 3-36

在合成面板菜单或显示参数设置中通过设置视图选项可以控制运动路径的显示，如图 3-37 所示。

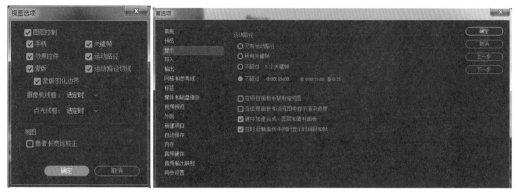

图 3-37

如果要创建图层的运动路径，有以下几种方法。

1. 在合成窗口中创建运动路径

在合成窗口中，将图层定位在路径开始的位置，然后执行以下步骤。

01 在时间线窗口中选择要设置动画的图层，按 P 键以展开位置属性栏，然后单击位置的码表图标创建第一个关键帧。

02 移动当前指针到下一个时间点。

03 在合成窗口中拖曳图层到新的位置，After Effects 自动创建另一个关键帧。

04 重复步骤 2 和 3 直到完成运动路径。

如果要为运动路径添加新的关键帧，首先确定当前指针处在需要添加新关键帧的位置，如果要修改现存的关键帧，必须确定当前指针处在该关键帧的位置，否则 After Effects 将因为移动图层添加一个新的关键帧而不是移动运动路径上的点。

通过改变关键帧或添加关键帧可以修改运动路径，当使用较少的关键帧描述路径时，该路径会很简洁而且通常容易调整。

如果在路径上添加关键帧，除了在新的时间点移动图层位置添加新的关键帧，还可以使用钢笔工具直接修改路径。首先从工具栏中选择钢笔工具，然后在合成窗口中，将钢笔工具光标放置在路径上要添加新关键帧的位置然后单击以添加关键帧，这时在单击的帧位置，在运动路径和时间线窗口中出现一个新的关键帧，如图 3-38 所示。

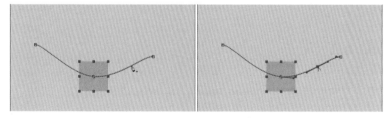

图 3-38

在合成窗口中，当钢笔工具光标放置在已经存在的关键点上时会变成转换顶点工具 ，此时可调整路径节点的控制句柄，如图 3-39 所示。

如果要移动路径节点调整关键帧，选择钢笔工具，按下 Ctrl 键即可变为选择工具，或者直接选择工具栏中的选择工具 ，既可以调整路径节点的位置，也可以调整节点控制句柄，从而完成对路径的调整，如图 3-40 所示。

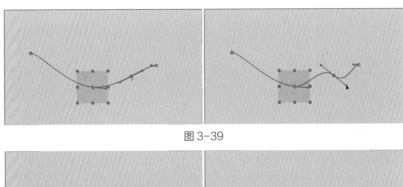

图 3-39

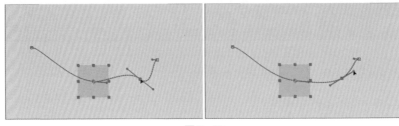

图 3-40

2. 从蒙版创建运动路径

通过复制 After Effects 中绘制的蒙版路径或者从 Adobe Illustrator 或 Adobe Photoshop 中复制路径，然后粘贴路径到图层的位置属性、锚点属性或效果点属性，可以快速地创建运动路径，按时间指派关键帧，沿着路径创建匀速运动。默认状态下，After Effects 指派 2 秒时间长度的运动路径，通过沿时间轴拖曳第一个或最后一个关键帧可以调整默认长度，如图 3-41 所示。

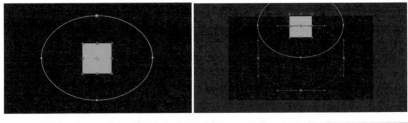

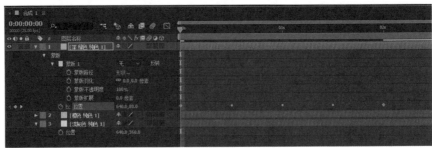

图 3-41

具体操作步骤如下。

01 选择并复制一个遮罩路径。

02 在时间线窗口中展开并选择目标图层的位置属性。

03 粘贴蒙版路径，创建图层的运动路径。

3. 使用动态草图绘制运动路径

使用动态草图可以为图层绘制运动路径，记录图层的位置和绘画的速度。当创建路径时，After Effects 会按着合成中指定的帧速率在每一帧产生一个关键帧。动态草图不影响图层其他属性的关键帧。例如，如果为一个球的图像设置旋转关键帧，可以使用动态草图创建位置关键帧，这样球就会沿着创建的路径滚动。

图 3-42

选择主菜单"窗口"|"动态草图"命令，先来看看"动态草图"面板，如图 3-42 所示。

◆ 显示线框：当绘制草图路径时显示图层的线框，还可以看到图层应用的旋转或缩放。

◆ 显示背景：当绘制草图时显示合成窗口的内容，这对于参照合成中其他图像绘制草图路径时很有用。

After Effects 不显示其他图层的运动，但当绘制草图时，只显示开始绘制时的第一帧，如果不选择这个选项，After Effects 将显示在黑色背景上的序列点作为运动路径。

对于捕捉速度，通过指定运动回放与绘制路径的比例来设置运动的捕捉速度，有以下几种情形。

◆ 回放速度与绘制草图速度一致，设置捕捉速度为 100%。

◆ 回放速度比绘制草图速度快，设置捕捉速度为大于 100%。

◆ 回放速度比绘制草图速度慢，设置捕捉速度为小于 100%。

当捕捉速度、显示选项以及起止点设置完毕，就可以开始绘制草图了。单击"开始捕捉"按钮，然后在合成窗口中拖曳图层创建运动路径，释放鼠标结束路径，如图 3-43 所示。

图 3-43

当捕捉时间到达合成或工作区域终点时，After Effects 自动结束运动路径。

为了使动态草图创建的运动路径更流畅，可以使用"平滑器"消除不必要的关键帧，如图 3-44 所示。

图 3-44

3.3.3　运动预设

运动预设允许存储和调用指定的属性和运动，包括关键帧、效果和表达式。After Effects 包含上百种运动预设，可以导入项目中，然后根据自己的需要进行修改。许多运动预设并不只包含运动，更多的是包含效果、变换属性等的组合。

在应用运动预设之前，可以查看缩略演示效果。可以应用整个运动预设到一个图层，或者应用运动预设中的单个效果或属性。如果某个属性或效果包含在运动预设中而不包含在目标图层中，该属性或效果就可以添加到目标图层中。

可以将一个或更多的满意的属性设置存储为不包含关键帧的运动预设。运动预设存储为 FFX 文件并能够传递到其他计算机中使用，默认状态下，运动预设存储在 Presets(预设) 文件夹中，如图 3-45 所示。

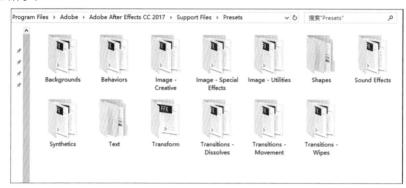

图 3-45

如果要应用运动预设，首先选择一个或多个图层，然后执行以下任一步骤。

◆ 在 "效果和预设" 面板中选择运动预设，然后拖曳到时间线窗口、合成窗口或效果控件面板中选择的图层上。

◆ 如果应用最近使用或存储的运动预设，选择主菜单 "动画" | "最近动画预设" 命令，然后从列表中选择要使用的预设。

◆ 如果应用运动预设中选择的效果，按住 Ctrl 键，选择 "效果和预设" 面板中的效果，然后拖曳到时间线窗口、合成窗口或效果控件面板中。

◆ 选择主菜单 "动画" | "浏览预设" 命令，浏览查询需要的运动预设，然后双击该预设应用到选择的图层，如图 3-46 所示。

图 3-46

After Effects CC 内置了大量的运动预设，分为 13 组，为了能够正常浏览和查看预设效果，需要正确安装相应版本的 Adobe Bridge CC。当双击打开一个预设组时，通过缩略图和文字说明也能大概知道运动的效果是怎样的，这样便于预览和选择。比如双击 Backgrounds(背景) 文件夹展开其中的运动预设效果缩略图，单击其中一个缩略图，可以在右侧查看动画预览效果，如图 3-47 所示。

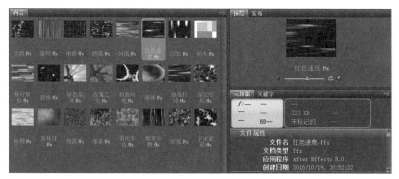

图 3-47

个别预设组中还包含多个文件夹，比如 Shapes 和 Text，这两组预设将在后面的文本和图形章节中进行详细讲解，如图 3-48 所示。

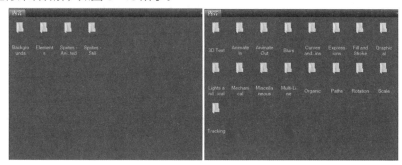

图 3-48

为了提高工作效率，可以将设置完美的一个或多个效果存储为运动预设。存储一个运动预设也将存储所有设置的关键帧，还有在效果中使用的表达式。例如，如果使用多种效果以及复杂的参数和运动设置创建了爆炸效果，可以将所有的这些设置存储为一个运动预设，然后应用该预设到其他素材，或者应用预设中的个别效果到任何素材。

如何存储一个运动预设呢？首先在时间线窗口中选择一个图层，应用一个或多个效果，根据需要设置关键帧创建效果动画，然后执行以下操作。

01 在该图层的效果控件面板中，选择一个或多个要包含在预设中的效果。

02 选择一个图层属性存储为一个运动预设。

03 从"动画"菜单或"效果和预设"面板菜单中选择"保存动画预设"命令。

04 指定文件名称和路径，然后单击"保存"按钮。

如果预设没有出现在"效果和预设"面板中，从"效果和预设"面板菜单选择"刷新列表"命令即可。

3.4　课堂练习

3.4.1　液态动效

技术要点：

（1）"简单阻塞工具"滤镜——产生液态融合效果。

（2）位置关键帧——创建图层运动效果。

本实例的最终效果如图 3-49 所示。

制作步骤：

01 新建一个合成，选择预设"自定义"选项，设置"宽度"和"高度"分别为 640 像素和 1040 像素，-"持续时间"为 4 秒。

02 新建一个暗黄绿色图层，选择椭圆工具 ，绘制两个圆形和一个椭圆形蒙版，如图 3-50 所示。

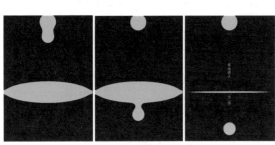

图 3-49

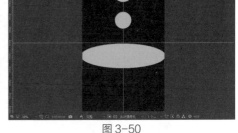

图 3-50

03 新建一个调整图层，添加"简单阻塞工具"滤镜，设置参数，如图 3-51 所示。

04 在时间线窗口中展开暗黄绿色图层的"蒙版"属性栏，在合成的起点激活"蒙版 2"的"蒙版路径"关键帧，然后在合成视图中调整"蒙版 2"的位置与"蒙版 1"基本重合，如图 3-52 所示。

图 3-51

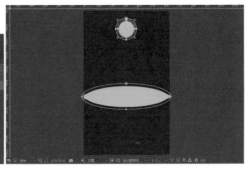

图 3-52

05 拖曳当前指针到 14 帧，在合成视图中调整"蒙版 2"的位置，创建暗黄绿色圆形的运动路径，如图 3-53 所示。

06 拖曳当前指针查看暗黄绿色圆形的液态动画效果，如图 3-54 所示。

07 拖曳当前指针到 15 帧，复制前面的两个关键帧并进行粘贴，拖曳当前指针到 1 秒 05 帧进行粘贴，拖曳当前指针到 1 秒 20 帧进行粘贴，这样就重复了 4 次液滴下落的动画，如图 3-55 所示。

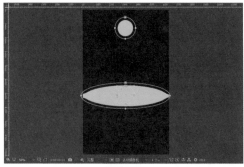

图 3-53

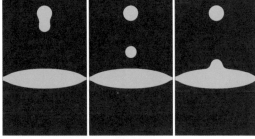

图 3-54

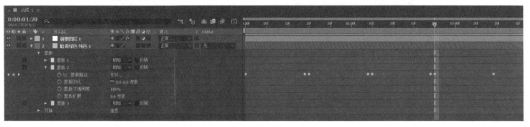

图 3-55

08 拖曳当前指针到 3 秒 10 帧，调整"蒙版 2"的位置创建关键帧，如图 3-56 所示。

09 拖曳当前指针，查看暗黄绿色圆形的液态动画效果，如图 3-57 所示。

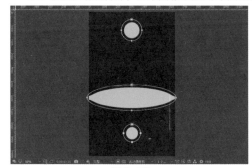

图 3-56

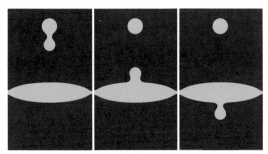

图 3-57

10 拖曳当前指针到 3 秒 10 帧，创建"蒙版 3""蒙版路径"的第一个关键帧，拖曳当前指针到 3 秒 20 帧，调整"蒙版 3"的形状，创建变形动画，如图 3-58 所示。

11 选择文字工具，创建一个文本图层，输入字符"单击进入下一页"，设置字符属性并调整位置，如图 3-59 所示。

12 设置文本图层的起点为 3 秒 15 帧，展开"不透明度"属性栏，分别在 3 秒 15 帧和 3秒 20 帧设置关键帧，数值分别为 0 和 100%，创建淡入效果。

13 单击播放按钮▶，查看完整的加载动画效果，如图 3-60 所示。

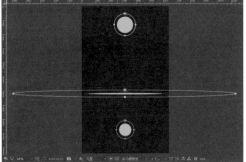

图 3-58

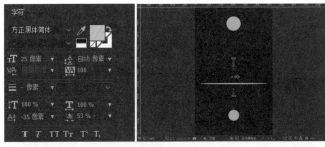

图 3-59

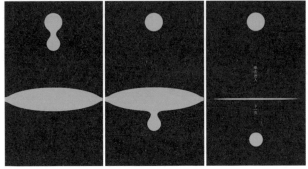

图 3-60

3.4.2　启动页动效

技术要点：

(1) 旋转关键帧——创建图层的旋转运动。

(2) 3D Stroke 滤镜——创建环状圆点阵列效果。

本实例的最终效果如图 3-61 所示。

制作步骤：

01　新建一个合成，选择预设"自定义"选项，设置"宽度"和"高度"分别为 640 像素和 1040 像素，"持续时间"为 3 秒。

02　选择圆角矩形工具，在预览视图的中央绘制一个细长条的圆角矩形，自动命名为"形状图层 1"，如图 3-62 所示。

图 3-61

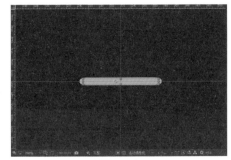

图 3-62

03　在时间线窗口设置该图层的出点为 1 秒，展开"不透明度"属性，添加表达式：wiggle(10, 200, octaves = 1, amp_mult = .5, t = time)，创建图层闪烁的动画效果，如图 3-63 所示。

图 3-63

04　新建一个调节图层，添加"CC 重复平铺"滤镜，分别在 5 帧和 1 秒设置"向下扩张"和"向上扩张"的关键帧，数值均为 520 和 0。单击播放按钮▶，查看细黄条的动画效果，如图 3-64 所示。

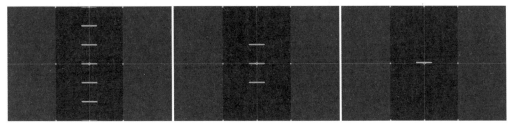

图 3-64

05　在时间线窗口中复制图层"形状图层 1"，自动命名为"形状图层 2"，拖曳该图层到顶层，设置该图层的起点为 1 秒。

06　展开"不透明度"属性栏，删除表达式。展开"旋转"属性栏，分别在 1 秒、1 秒 10 帧和 1 秒 20 帧设置关键帧，数值分别为 0、135 和 45。

07　复制该图层，自动命名为"形状图层 3"，展开"旋转"属性栏，删除最后一个关键帧。单击播放按钮▶，如图 3-65 所示。

图 3-65

08　新建一个黑色图层，命名为"勾画圆圈"，设置该图层在时间线上的起点为 1 秒 20 帧，选择椭圆工具，按住 Shift 键绘制一个居中预览视图的圆形蒙版，如图 3-66 所示。

09　为该图层添加"描边"滤镜，设置参数，如图 3-67 所示。

10　在时间线窗口中展开滤镜属性栏，在 2 秒 10 帧添加"结束"的关键帧，拖曳当前指针到 1 秒 20 帧，调整"结束"数值为 0，再添加一个关键帧，拖曳当前指针查看圆圈勾画动画效果，如图 3-68 所示。

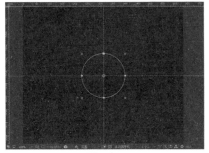

图 3-66

图 3-67

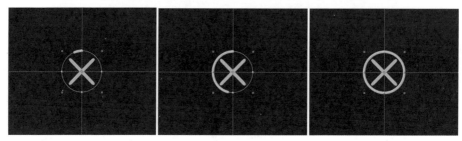

图 3-68

11 在时间线窗口中复制图层"勾画圆圈",重命名为"圆点阵列",设置该图层的起点为 2 秒 10 帧,删除"描边"滤镜,添加 3D Stroke 滤镜,设置参数如图 3-69 所示。

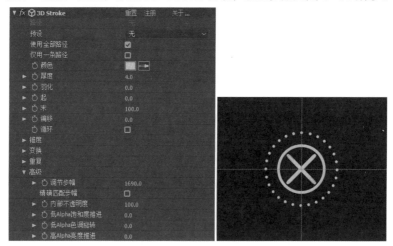

图 3-69

12 在时间线窗口中,展开滤镜属性栏中的"变换"栏,分别在 2 秒 10 帧和 2 秒 20 帧设置关键帧,数值分别为 0 和 -320,如图 3-70 所示。

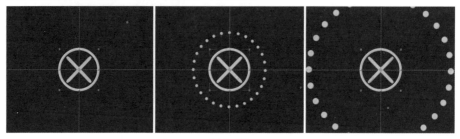

图 3-70

13　选择椭圆工具，按住 Shift 键，在预览视图中央绘制一个圆形路径，取消填充，设置描边颜色为橙黄，宽度为 14 像素，设置该图层的起点为 2 秒 10 帧，重命名该图层为"虚线"。

14　在时间线窗口中展开"内容"|"椭圆 1"|"描边"|"虚线"属性栏，单击加号添加虚线，设置参数，如图 3-71 所示。

图 3-71

15　在时间线窗口中复制图层"虚线"，重命名为"虚线蒙版"，展开"内容"|"椭圆 1"|"描边"|"虚线"属性栏，设置参数，如图 3-72 所示。

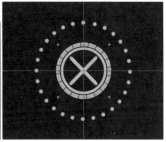

图 3-72

16　选择图层"虚线"的轨道蒙版选项为 Alpha，如图 3-73 所示。

图 3-73

17　选择文字工具，输入字符"flyingcloth vfx & interaction design studio after effects photoshop axure rp8 ih5 adobe xd"，然后绘制一个圆形路径，在时间线窗口中展开"文本"属性选择"路径"为"蒙版 1"，如图 3-74 所示。

18　在时间线窗口中，拖曳文本图层到图层"勾画圆圈"的下一层，设置该图层的起点为 2 秒 10 帧。

19　拖曳当前指针到 2 秒 15 帧，设置"缩放"的关键帧，数值为 100%，拖曳当前指针到图层的起点，调整"缩放"数值为 73%，刚好隐藏在勾画圆圈的后面，拖曳当前指针查看文字动画效果，如图 3-75 所示。

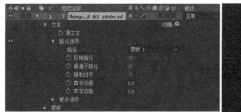

图 3-74

图 3-75

20 单击播放按钮▶，查看完整的加载页动画效果，如图 3-76 所示。

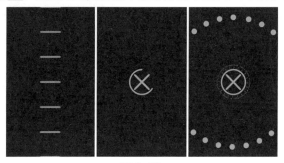

图 3-76

3.4.3 燃烧显露 Logo

技术要点：

(1)"置换图"滤镜——产生支离破碎的效果。

(2) 图层叠加——创建火焰的颜色效果。

本例完整效果如图 3-77 所示。

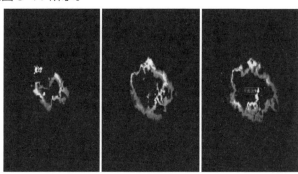

图 3-77

制作步骤：

01 运行 After Effects CC 2017 软件，新建一个合成"火"，设置尺寸和持续时间等参数，如图 3-78 所示。

02 新建一个黑色图层，添加"生成"|"椭圆"滤镜，在效果控件面板中设置"椭圆"滤镜的参数，"柔和度"为 10.0%，"内部颜色"为橘红色，"外部颜色"为暗红色，"宽度"和"高度"均为 50，"厚度"为 20，在合成的起点设置"宽度""高度"和"厚度"的关键帧，如图 3-79 所示。

图 3-78

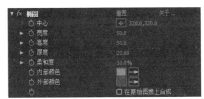

图 3-79

03 将当前指针移至 6 秒的位置，调整"宽度"和"高度"均为 300，"厚度"为 300，创建第二组关键帧，拖曳当前指针可以查看圆环的动画效果，如图 3-80 所示。

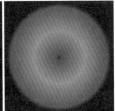

图 3-80

04 新建一个合成"火焰"，新建一个黑色图层，添加"椭圆"滤镜，设置"内部颜色"为橘红色，"外部颜色"为深红色，"宽度"和"高度"均为 50，"厚度"为 20，并在合成的起点设置"宽度""高度"和"厚度"的关键帧，如图 3-81 所示。

图 3-81

05 拖曳当前指针到 6 秒的位置，调整"宽度"和"高度"均为 450，"厚度"为 80，创建第二组关键帧，拖曳当前时间线指针，查看圆环的动画效果，如图 3-82 所示。

图 3-82

06 新建一个合成，命名为"噪波"，新建一个黑色图层，添加"分形杂色"滤镜，设置参数，如图 3-83 所示。

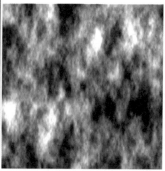

图 3-83

07 在合成的起点设置"偏移（湍流）"和"演化"的关键帧，然后拖曳当前时间指针到 6 秒，设置"偏移（湍流）"的数值为 (320.0，–300.0)、"演化"的数值为 4 周，创建两组关键帧。

08 新建一个合成，命名为"燃烧"，新建一个深灰色图层，设置颜色值为 (R:30、G:30、B:30)，复制合成"噪波"中的"分形杂色"滤镜并粘贴到深灰色图层，调整"对比度"和"亮度"分别为 100 和 –50，从项目窗口中拖曳合成"火"到时间线窗口的顶层，设置深灰色图层轨道蒙版模式为"Alpha"。

09 从项目窗口中拖曳合成"噪波"到时间线窗口的顶层，关闭其可视性，选择图层"火"，添加"置换图"滤镜，设置"置换图层"为"1.噪波"，"最大水平置换"为 70.0、"最大垂直置换"为 100.0，如图 3-84 所示。

10 添加"最小/最大"滤镜，拖曳到"置换图"的上一级，设置具体参数，如图 3-85 所示。

图 3-84

图 3-85

11 从项目窗口中拖曳合成"火焰"到时间线窗口中，放置在图层"噪波"的下一层，在效果控件面板中复制图层"火"的"置换图"滤镜并粘贴给图层"火焰"，如图 3-86 所示。

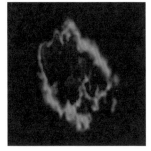

图 3-86

12 为图层"火焰"添加"高斯模糊"滤镜，设置"模糊度"的数值为 20。

13 复制图层"火焰"，重命名为"火焰 2"，放置于顶层，调整"模糊度"的数值为 10.0，在时间线窗口中打开图层"噪波"可视性，设置"噪波"层的轨道蒙版模式为"Alpha 遮罩"，如图 3-87 所示。

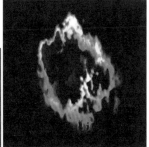

图 3-87

14 分别设置图层"火焰 2""噪波"和"火焰"的混合模式，如图 3-88 所示。

图 3-88

15 选择文字工具，输入字符"点击进入"，创建文字图层，放置于图层"火"的上一层，选择椭圆工具，绘制一个椭圆形按钮，如图 3-89 所示。

16 选择图形和文字图层，选择主菜单"图层"|"预合成"命令，重命名为"按钮"，调整该图层在时间线的入点为 4 秒 08 帧，并设置该图层的淡入关键帧。

17 设置图层"按钮"的混合模式为"强光"，单击播放按钮▶，查看燃烧显露的动画效果，如图 3-90 所示。

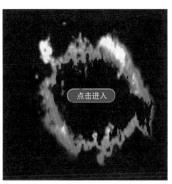

图 3-89

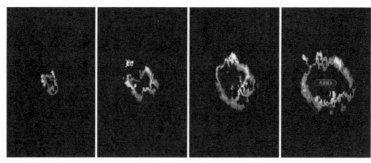

图 3-90

3.4.4　MG 风格

技术要点：

(1) 应用蒙版——创建云朵效果。

(2) 关键帧动画——创建线条的弹跳效果。

本实例的最终效果如图 3-91 所示。

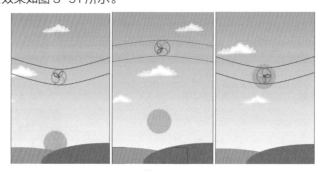

图 3-91

制作步骤：

　01　新建一个合成，选择预设"自定义"选项，根据常用的手机 H5 页面尺寸，设置"宽度"和"高度"分别为 640 像素和 1040 像素。

　02　新建一个纯色图层，命名为"蓝天"，添加"梯度渐变"滤镜，设置具体参数，如图 3-92 所示。

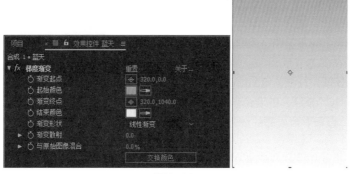

图 3-92

03 新建一个暗黄绿纯色图层，然后使用椭圆工具绘制蒙版，如图 3-93 所示。

04 新建一个深黄绿纯色图层，然后使用椭圆工具绘制蒙版，如图 3-94 所示。

图 3-93

图 3-94

05 新建一个十分接近白色的纯色图层，然后使用钢笔工具绘制自由蒙版，如图 3-95 所示。

06 在时间线窗口中展开蒙版属性栏，设置"蒙版羽化"的数值为 5。

07 复制白色图层，选择上面的图层，设置图层的颜色为纯白色，设置"蒙版羽化"值为 40、"蒙版扩展"数值为 –20，如图 3-96 所示。

图 3-95

图 3-96

08 为图层添加"湍流置换"滤镜，设置参数，如图 3-97 所示。

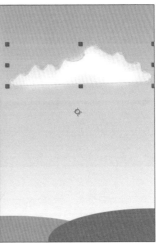

图 3-97

09 在时间线窗口中链接顶层作为下面图层的子对象，如图 3-98 所示。

图 3-98

10 选择上面的两个白色图层，选择主菜单"图层"|"预合成"命令，并重命名预合成为"云朵"，调整图层"云朵"的"缩放"值为 50%，并调整其位置，如图 3-99 所示。

11 分别在合成的起点和终点设置图层"云朵"的位置关键帧，数值分别为 (-150,540) 和 (780,540)。拖曳当前指针查看该图层的运动效果，如图 3-100 所示。

图 3-99

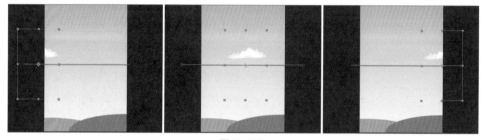

图 3-100

12 复制图层"云朵"，重命名为"云朵小"，设置"缩放"数值为 28%，按下 A 键展开"锚点"参数栏进行调整，如图 3-101 所示。

13 单击时间线窗口左下角的按钮█，展开"入点出点持续时间伸缩"属性栏，为了减慢移动的速度，调整"伸缩"数值为 230%，如图 3-102 所示。

图 3-101

图 3-102

14 复制图层"云朵"，重命名为"云朵 2"，调整"锚点""缩放"和"入点"的参数，如图 3-103 所示。

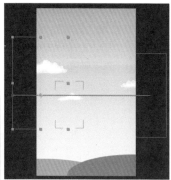

图 3-103

15 复制图层"云朵",重命名为"云朵 3",调整"锚点""缩放""入点"和"伸缩"的参数,如图 3-104 所示。

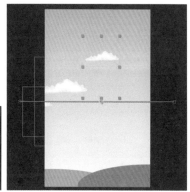

图 3-104

16 选择钢笔工具,直接在合成预览窗口中绘制一条曲线,取消填充项,设置描边颜色为灰色,宽度为 3 像素,如图 3-105 所示。

17 在时间线窗口中展开"形状图层 1"的"缩放"属性栏,分别在合成的起点、2 秒、4 秒、6 秒、8 秒和合成的终点设置"缩放"的关键帧,数值分别为 (100,-114)、(100,105)、(100,-114)、(100,105)、(100,-114) 和 (100,105)。拖曳当前指针查看线条的动画效果,如图 3-106 所示。

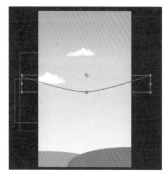

图 3-105

图 3-106

18 在时间线窗口中复制"形状图层 1",重命名为"形状图层 2",调整"位置"参数,如图 3-107 所示。

19 导入 Logo 图片并调整位置和大小,如图 3-108 所示。

20 选择椭圆工具,按住 Shift 键在合成预览窗口中直接绘制一个圆形,然后调整大小和位置,匹配 Logo 的外形,如图 3-109 所示。

图 3-107

21 在时间线窗口中链接圆形作为 Logo 图层的子对象,如图 3-110 所示。

图 3-110

22 展开 Logo 图层的"旋转"属性栏,分别在合成的起点和终点设置"旋转"的关键帧,数值分别为 0 度和 3 周,再展开"位置"属性栏,分别在合成的起点、2 秒、4 秒、6 秒、8 秒和合成的终点设置"缩放"的关键帧,数值分别为 (313,251)、(313,494)、(313,251)、(313,494)、(313,251) 和 (313,494)。拖曳当前指针查看 Logo 跟随线条弹跳的动画效果,如图 3-111 所示。

图 3-108　　　　图 3-109

图 3-111

23 新建一个橙色图层,重命名为"太阳",在时间线窗口中拖曳到"蓝天"的上一层,绘制一个圆形蒙版,调整蒙版的位置和形状,如图 3-112 所示。

24 在合成的起点设置"蒙版形状"的关键帧,拖曳当前指针到合成的终点,调整蒙版的位置,创建蒙版动画,如图 3-113 所示。

25 根据自己的喜好可以降低"云朵小"和"云朵 3"的不透明度,强化一下深度感,也可以稍增加一点图层"太阳"的"蒙版羽化"值,比如 5。单击播放按钮▶,查看这个二维风格的页面效果,如图 3-114 所示。

图 3-112

图 3-113

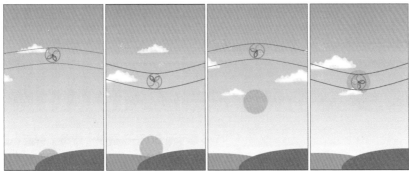
图 3-114

3.4.5　环形刻度计时动效

技术要点:

　　(1) 描边虚线——创建环形刻度。

　　(2)"极坐标"滤镜——创建盘面金属光泽效果。

　　本实例的最终效果如图 3-115 所示。

图 3-115

制作步骤:

　　01 新建一个合成,选择预设"自定义"选项,根据常用的手机 H5 页面尺寸,设置"宽度"和"高度"分别为 640 像素和 1040 像素。

02 新建一个黑色图层，再创建一个浅色品蓝色图层，绘制一个椭圆形蒙版，设置"蒙版羽化"值为 600，如图 3-116 所示。

03 再创建一个纯色图层，命名为"金属光泽"，添加"网格"滤镜，设置具体参数，如图 3-117 所示。

04 添加"极坐标"滤镜，设置具体参数，如图 3-118 所示。

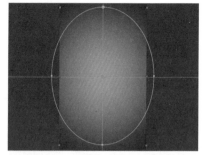

图 3-116

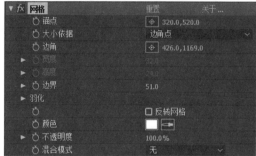

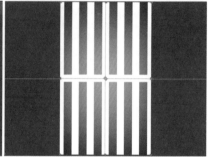

图 3-117

图 3-118

05 添加"径向模糊"滤镜，设置具体参数，如图 3-119 所示。

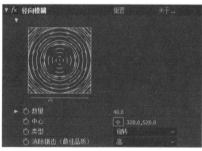

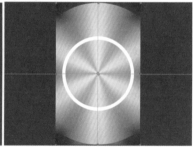

图 3-119

06 选择椭圆工具，按住 Shift 键直接在合成预览窗口中绘制一个圆形，填充颜色为灰色，如图 3-120 所示。

07　在时间线窗口中选择图层"金属光泽"的轨道蒙版选项为 Alpha，打开"形状图层 1"的可视性图标 ◎，设置其混合模式为"叠加"，如图 3-121 所示。

08　在时间线窗口中选择重复图层"形状图层 1"，重命名为"黑圈"，取消填充并设置描边颜色为黑色、宽度为 18 像素。展开"内容"|"椭圆"|"变换：椭圆 1"属性栏，设置"比例"数值为 108%，如图 3-122 所示。

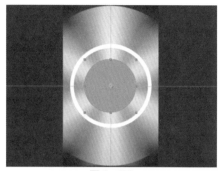

图 3-120

图 3-121

图 3-122

09　在时间线窗口中选择重复图层"黑圈"，重命名为"红圈 - 细"，设置描边颜色为红色和宽度为 4 像素，展开"内容"|"椭圆"|"变换：椭圆 1"属性栏，设置"比例"数值为 106%，如图 3-123 所示。

图 3-123

10　在时间线窗口中选择重复图层"红圈 - 细"，重命名为"虚线"，设置描边颜色为白色和宽度为 22 像素，展开"内容"|"椭圆"|"变换：椭圆 1"属性栏，设置"比例"数值为 112%。

11 展开"内容"|"椭圆"|"描边"|"虚线"属性栏，单击加号添加虚线，并设置"虚线"参数值为 5，如图 3-124 所示。

图 3-124

12 为图层"虚线"添加"最小/最大"滤镜，设置具体参数，如图 3-125 所示。

图 3-125

13 在时间线窗口中选择重复图层"红圈－细"，重命名为"红圈－宽"，设置描边宽度为 22 像素，展开"内容"|"椭圆"|"变换：椭圆 1"属性栏，设置"比例"数值为 112%。查看合成预览效果如图 3-126 所示。

14 新建一个黑色图层，命名为"描边动态"，在合成预览窗口中参照红圈绘制一个圆形蒙版，如图 3-127 所示。

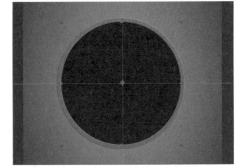

图 3-126   图 3-127

15 为该图层添加"描边"滤镜，设置具体参数，如图 3-128 所示。

16 在时间线窗口中展开"描边"滤镜的属性栏，分别在合成的起点和终点设置"结束"的关键帧，数值分别为 0 和 100%，创建沿圆周写出笔画的动画。

17 在时间线窗口中选择图层"红圈－宽"，选择轨道蒙版为"Alpha 反转遮罩"选项，如图 3-129 所示。

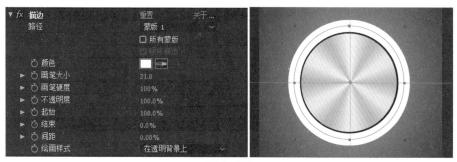

图 3-128

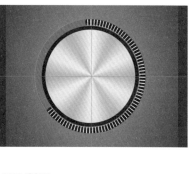

图 3-129

18 单击播放按钮 ▶，查看加载条的动画效果，如图 3-130 所示。

图 3-130

3.5 本章小结

　　本章主要讲解了图层的创建与管理，混合模式以及关联等控制特性，详细讲解了图层的透明概念以及蒙版和遮罩的应用技巧，逐步讲解了图层的动画设置技巧和预设的使用，通过几个典型实例对上述功能的应用进行了直观的展示。

第 4 章　三维空间合成

After Effects 不仅可以在二维空间创建合成效果，在三维立体空间中的合成与动画功能也越来越强大，在具有深度的三维空间中，可以丰富图层的运动样式，创建更逼真的灯光效果、投射阴影、材质效果和摄像机运动效果。

4.1 三维图层概述

在 After Effects CC 中，将图层指定为三维图层时，会添加一个 Z 轴控制该层的深度。当增加 Z 值时，该层在空间中移动到更远的地方；当减小时则会更近。除了调整层之外，可以将任何图层指定成 3D 效果，也可以创建动画摄像机和灯光层，从任何角度观看或照亮 3D 图层。

After Effects 还可以导入带有深度信息的第三方文件，如 ElectricImage (*.eiz) 文件和 *.rla 文件格式，并且解析这些文件的 Z 空间通道，若要访问这些文件中的 3D 深度信息，则使用 3D 通道特效。

在 After Effects CC 中，将图层指定为 3D 图层会激活附加的图层属性，包括锚点、位置、缩放、方向、X 轴旋转、Y 轴旋转、Z 轴旋转和材质选项，如图 4-1 所示。

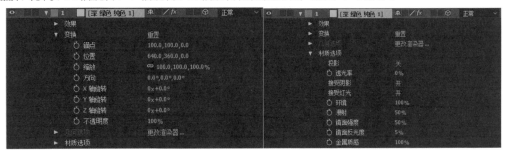

图 4-1

在时间线窗口中，3D 图层的顺序不能决定在合成窗口中显示的内容，而是根据 3D 图层在 Z 轴的位置来确定在合成窗口中的实际顺序。

利用正交视图（前视图、后视图、左视图、右视图、顶视图和底视图）或自定义透视图，可以从多个角度观看 3D 图层，以便更精确地放置图像，更形象化图像动画，如图 4-2 所示。

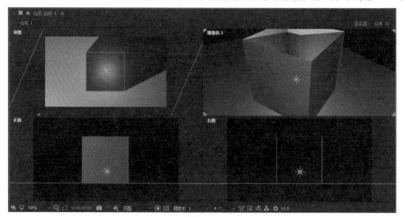

图 4-2

为了能尽快预览三维合成的效果，我们可以降低合成预览窗口的显示质量，比如使用二分之一、三分之一，甚至使用四分之一的预览质量，也可以单击预览视窗底部的按钮 ，选择线框显示模式等，如图 4-3 所示。

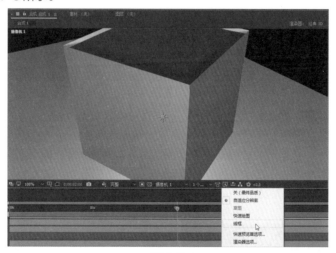

图 4-3

在时间线窗口中，3D 图层会增加"材质选项"的属性设置，决定 3D 图层灯光和阴影的作用效果，而这两者在 3D 动画中都是模拟真实和透视效果的重要组成部分，如图 4-4 所示。

3D 图层材质选项包括以下几项。

1）投影

在图层上投射一定范围的阴影。阴影的方向和角度是由光源的方向和角度决定的。若要投射阴影，对阴影投射层和相关灯光图层都要激活"投影"选项，如图 4-5 所示。

图 4-4

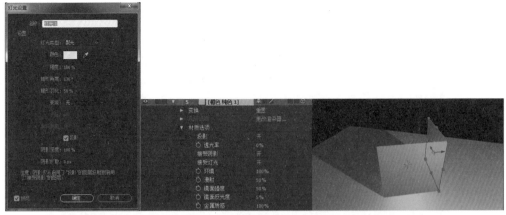

图 4-5

如果需要阴影可见而图层不可见，则选择"投影"选项为"仅"，如图 4-6 所示。

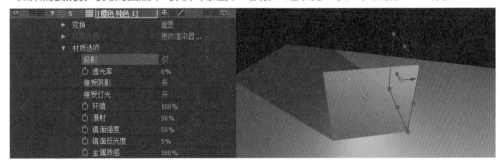

图 4-6

2) 透光率

指定灯光照射通过图层的百分比。使用该选项使图层好像透明物体，并且将其颜色投射到其他图层。也可以通过在 3D 图层后放置灯光，并调整灯光发射器创建灯光穿过彩色玻璃杯的效果。灯光发射值为 0 时投射黑色阴影，并且没有灯光穿过图层，该设置渲染更快，如果不需要投射带颜色的阴影或需要快速预览渲染时可使用该发射值；值为 100 时指定投射阴影层的全部颜色值作用到接受阴影图层上。实例效果如图 4-7 所示。

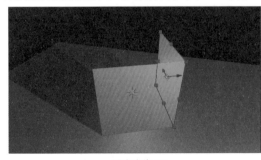
透光率为 50

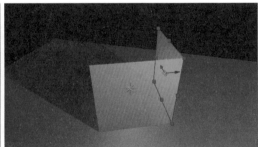
透光率为 100

图 4-7

设置投影图层的透光率并选择投影选项为"仅"时，可以从不可见图层向可见图层投射颜色，类似彩色投影效果如图 4-8 所示。

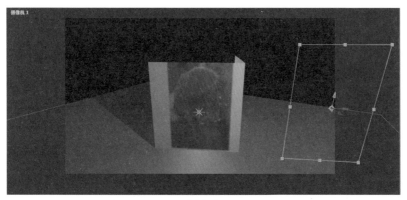

图 4-8

如果感觉投影的亮度和色度不太够的话，可以适当调整投影灯光的强度。比如把聚光灯的"强度"增大到 150%，彩色投影的效果就非常明显了，如图 4-9 所示。

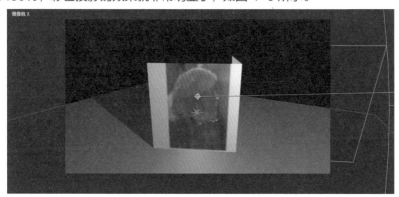

图 4-9

4.2 应用灯光技术

虽然 After Effects CC 中的 3D 图层具有了材质属性，但要想得到满意的立体合成效果，还必须在场景中创建和设置灯光，无论是图层的投影、环境和反射等特性都是在一定的灯光作用下才发挥作用的。

灯光就是对其他图层照射光亮的图层，可以选择 4 种不同类型的灯光，以及对其属性进行设置。默认状态下灯光是指向作用点的。

通过将灯光指定为调整层，可以指定灯光所作用的 3D 图层，也就是说在时间线窗口中只有处于灯光图层下面的图层才受到影响，而位于灯光调整层上面的图层不会接受灯光，不管灯光的位置或 3D 调整图层是否具有效果。

4.2.1　创建灯光

创建灯光就如同创建普通的图层一样简单，选择主菜单"图层"|"新建"|"灯光"命令即可，然后在"灯光设置"对话框中选择灯光的类型并设置灯光参数，如图 4-10 所示。

灯光类型包括 4 种——平行光、聚光、点光和环境光。除了"投影"开关选项之外，其他所有的灯光参数都可以设置动画。

◆ 平行光：从无穷远处发射有方向的、无拘束的光线，如图 4-11 所示。

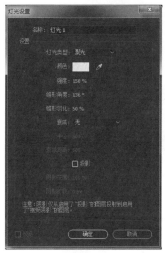

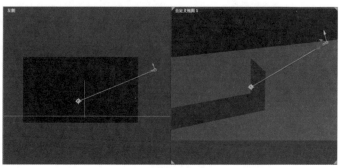

图 4-10   图 4-11

◆ 聚光：从锥形光源发射灯光，类似于舞台聚光灯，如图 4-12 所示。

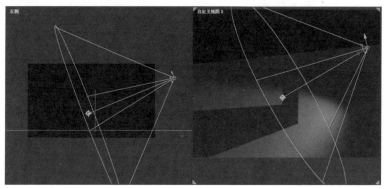

图 4-12

聚光灯组成如图 4-13 所示。

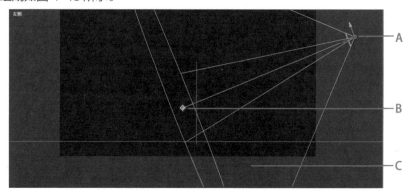

A. 灯光源点；B. 目标点；C. 聚光灯锥形区

图 4-13

◆ 点光：发射无拘束的全方向的灯光，类似于从无遮蔽的光球发射灯光，如图 4-14 所示。

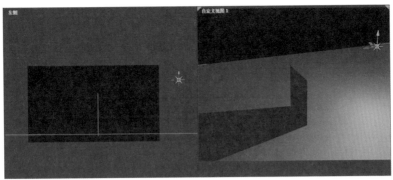

图 4-14

◆ 环境光：没有光源，但是照亮所有场景，并且没有阴影。

4.2.2　灯光参数

在"灯光设置"对话框中包含灯光的强度、颜色、照射范围以及投影等参数，灯光的类型不同，可设置的参数也不尽相同。下面以聚光灯为例讲解一下具体参数的含义。

1) 强度

设置灯光的亮度。负值不产生灯光。如果某一图层已经被照亮，创建有向灯光指向该图层，并且使用负值则在该图层产生负灯光区域，或者黑暗区域。例如下面的场景中一个聚光灯作为主光源和一个点光作为辅助光源，左图中点光强度为 50%，右图中点光强度为 -100%，可以对比一下效果，如图 4-15 所示。

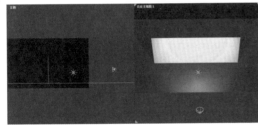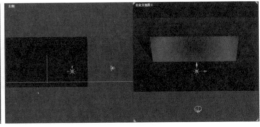

图 4-15

2) 锥形角度

通过设置光源周围的锥形角度控制聚光灯的宽度，如图 4-16 所示。

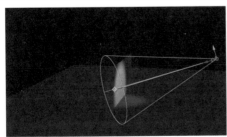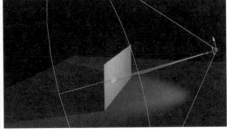

锥形角度：40　　　　　　　　　　　　锥形角度：100

图 4-16

3) 锥形羽化

调整聚光灯的边缘柔和度，如图 4-17 所示。

锥形羽化: 10　　　　　　　　　　　　　锥形羽化: 60

图 4-17

4) 衰减

该下拉列表中有 3 个选项——无、平滑和反向平方限制。对比一下这 3 个选项的不同效果，如图 4-18 所示。

衰减: 无　　　　　　　　　　衰减: 平滑　　　　　　　　　　衰减: 反向平方限制

图 4-18

5) 投影

如果勾选"投影"选项，就可以通过设置"阴影深度"和"阴影扩散"来控制阴影的浓淡和柔和度，如图 4-19 所示。

阴影深度: 100 阴影扩散: 10　　　　　　阴影深度: 50 阴影扩散: 10

阴影深度: 100 阴影扩散: 100　　　　　　阴影深度: 10 阴影扩散: 100

图 4-19

当使用灯光或摄像机图层时，可以指定"自动方向"选项来确定灯光的方向，比如沿路径定向或者定向到目标点，如图 4-20 所示。

图 4-20

4.3 应用摄像机

在三维空间的合成中，灯光和材质能够赋予图层多种多样的效果，摄像机可以使用户从不同的视角看到不同的光影效果，而且在动画的控制方面增强了灵活性和多样性，丰富了图像合成的视觉效果。

4.3.1 摄像机技术

利用摄像机可以从任意角度和距离观看 3D 图层，当在合成中设置特殊摄像机视图时，可以选择通过活动摄像机查看合成内容或自定义摄像机。活动摄像机是当前时刻时间线窗口中最顶端的摄像机。如果没有创建自定义摄像机，那么活动摄像机会与默认的合成视图一样。虽然可以在任何合成中添加多个摄像机，但是摄像机视图仅对 3D 图层或者应用合成摄像机特效的 2D 图层产生作用。比如在"碎片"滤镜面板中可以指定摄像机系统为"合成摄像机"，如图 4-21 所示。

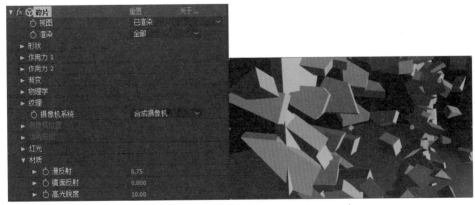

图 4-21

在 After Effects 中，创建摄像机如同创建一个新的图层一样简单，首先选择创建摄像机的合成，选择主菜单"图层"|"新建"|"摄像机"命令，或者在时间线窗口中单击右键，从弹出的快捷菜单中选择"新建"|"摄像机"命令，然后进行必要的参数设置即可，如图 4-22 所示。

创建的所有摄像机会列举在合成窗口底部的视图列表中，在此可以随时进行选择访问，如图 4-23 所示。

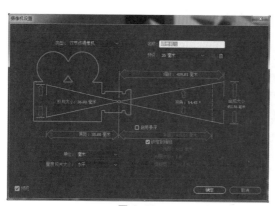

图 4-22

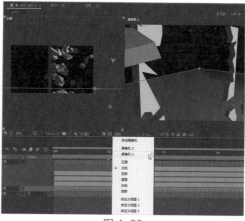

图 4-23

摄像机具有位置、目标点和旋转属性，可以沿着 x、y 和 z 轴进行运动，一般在合成中为了方便地调整摄像机的位置或角度，以得到满意的视图，可以选择多视窗显示模式，在自定义摄像机视图中调整摄像机，并通过另一个视窗查看最后需要的视图，如图 4-24 所示。

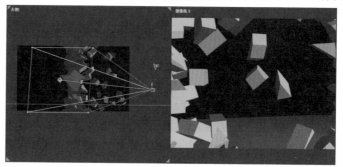

图 4-24

除了在时间线窗口中调整摄像机变换参数或者在多视图中调整摄像机的位置外，使用工具栏中的摄像机工具更加方便，直接在摄像机视图中进行调整以获得自己满意的构图，如图 4-25 所示。

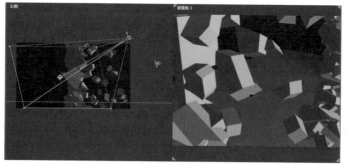

图 4-25

摄像机工具包含 4 种：统一摄像机工具 、轨道摄像机工具 、跟踪 XY 摄像机工具 和跟踪 Z 摄像机工具 ，可以完成摄像机的旋转、水平垂直移动和纵深移动。

选择主菜单"视图"|"查看所有图层"命令可以扩大视图的范围，将所有的图层都放置在视图中，还可以使用"视图"|"查看所选图层"命令移动视图将选择的 3D 图层包含在视图中，其实只是改变摄像机视图的位置，并不改变视图的角度或方向，如图 4-26 所示。

图 4-26

4.3.2　摄像机参数

每个自定义摄像机不仅具有变换属性，还包括类似真实摄像机的很多属性，比如焦距、光圈和景深等，这些参数有助于在合成中创建真实的摄像机效果。

在创建摄像机时，可以在设置对话框中设置参数，也可以在合成过程中根据需要改变摄像机设置，在时间线窗口中还可以设置一些相机参数的动画。下面针对"摄像机设置"对话框中的参数做简单的解释。

1) 类型

该下拉列表中包括两种摄像机类型——单节点摄像机和双节点摄像机。区别在于前者没有目标点只有位置属性，如图 4-27 所示。

图 4-27

2) 名称

指定摄像机名称。默认状态下，After Effects 会对第一个在合成中创建的摄像机命名为"摄像机 1"，并且后来所有摄像机按递增的顺序命名。如果删除一个摄像机，并且继续使用 After Effects 默认的命名方式，After Effects 会对下一个创建的摄像机以最小的可用数字命名。为了便于区别，应该对多个摄像机使用不同的名称。

3) 预设

指定需要使用的摄像机设置的类型。After Effects 提供了多个预先设置，是根据焦距进行命名的，每个预设意味着具有某一焦距镜头的 35mm 摄像机的属性，因此，预设也同时设置了视角、摄像机距离、聚焦距离、焦距和光圈的数值。默认的预设为 50mm。当然也可以通过指定新的设置创建自定义摄像机。

◆ 缩放：指定摄像机与图像之间的距离。

◆ 视角：指定图像中选择场景的宽度。焦距、胶片尺寸和缩放确定视图的角度。较宽的视角产生与宽角度镜头一样的效果。

◆ 启用景深：在聚焦距离、光圈、光圈大小和模糊层次中应用自定义参数设置。使用这些参数，可以利用景深创建更逼真的相机拍摄效果，图像在景深范围内会清晰，在景深范围外则会模糊，如图 4-28 所示。

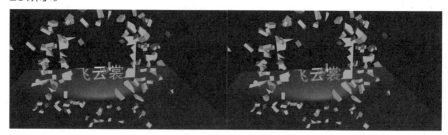

图 4-28

◆ 焦距：指定摄像机与最佳中心的距离。

◆ 锁定到缩放：使焦距与缩放相一致。

如果在时间线窗口中改变缩放或焦距选项设置，二者将脱离锁定。如果需要改变其中的参数值并保持锁定状态，要使用"摄像机设置"对话框，也可以在时间线窗口的焦距属性中添加一个表达式，然后将表达式链接到缩放属性。

◆ 光圈：指定镜头打开的尺寸。光圈设置也影响景深，增大光圈会增加景深范围内的模糊程度。当调整光圈值时，光圈大小的值会随着自动改变。

◆ 光圈大小：表示焦距与光圈的比率。大多数摄像机通过光圈大小指定光圈尺寸，因此，许多摄影师喜欢以光圈大小来设置光圈尺寸。当指定新的光圈大小时，光圈值会自动改变与之匹配。

◆ 模糊层次：控制图像中景深模糊的程度。设置为 100% 时，创建与摄像机设置一样的自然模糊。值越低模糊程度越低。

◆ 胶片大小：指定胶片曝光区域的尺寸，这直接影响合成的大小。当指定新的胶片尺寸时，缩放值会改变以适应真实摄像机的透视图。

◆ 焦距：指定胶片与镜头之间的距离。在 After Effects 中摄像机的位置表示为镜头中心位置，当指定新的焦距时，缩放值会改变以适应真实摄像机的透视图。另外，预设、视角和光圈也会相应发生变化，如图 4-29 所示。

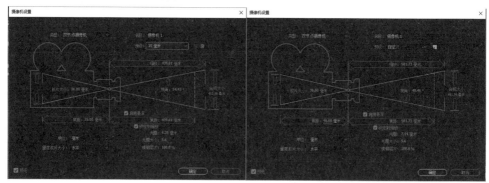

图 4-29

4.4 课堂练习

4.4.1 卡片飘落

技术要点：

(1) 父子链接——通过控制虚拟父物体，方便控制其他多图层的运动。

(2) 摄像机运动——丰富卡片飘落的动画效果。

本例效果如图 4-30 所示。

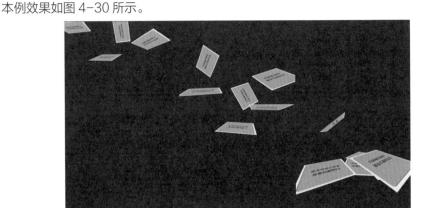

图 4-30

制作步骤：

01 打开软件 After Effects CC 2017，新建一个合成，命名为"卡片 1"，设置合成的"宽度"和"高度"均为 400 像素，持续时间为 10 秒。

02 新建一个淡灰色图层，再新建一个浅黄色图层，绘制圆角矩形蒙版，在时间线窗口中展开蒙版属性栏，勾选"反转"选项，效果如图 4-31 所示。

03 为浅黄色图层添加"投影"滤镜，设置"柔和度"的数值为 5，如图 4-32 所示。

图 4-31

图 4-32

04 选择文字工具，输入文字"交互动效工作室　云裳幻象 NO.1"，如图 4-33 所示。

05 在项目窗口中复制合成"卡片 1"，重命名为"卡片 2"，双击打开该合成，编辑字符"交互动效工作室　云裳幻象 NO.2"。如此复制 5 次，编辑相应字符。

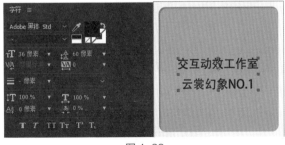

图 4-33

06 新建一个合成，命名为"卡片飞落"，拖曳所有的卡片合成到时间线窗口中，激活 3D 属性，创建 6 个空对象，分别作为父对象链接对应的卡片图层，如图 4-34 所示。

07 创建一个 20mm 的广角摄像机，勾选"启用景深"选项，如图 4-35 所示。

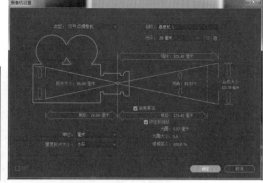

图 4-34

图 4-35

08 选择水平双视图模式，选择全部的空对象，按 R 键展开"旋转"属性栏，调整"X 轴旋转"的数值为 -90，在左视图中向下调整空对象的位置，如图 4-36 所示。

09 选择工具栏中的摄像机工具，调整摄像机的位置和角度，获得自己满意的构图，如图 4-37 所示。

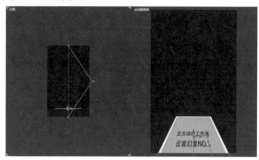

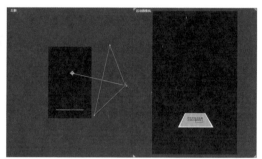

图 4-36

图 4-37

10 在时间线窗口中选择"空 1"，设置"位置"和"方向"的关键帧，创建飞落动画，如图 4-38 所示。

图 4-38

11 复制"空 1"的全部关键帧，粘贴给"空 2"相应的"位置"和"方向"属性，然后调整关键帧，创建新的飞落动画，如图 4-39 所示。

12 按照同样的方法，分别为其余的空对象创建飞落动画，因为图片作为空对象子对象，具有相应的动画属性，然后调整它们在时间线上的不同入点，如图 4-40 所示。

13 关闭所有空对象的可视性，拖曳时间线指针，查看卡片飞落的动画效果，如图 4-41 所示。

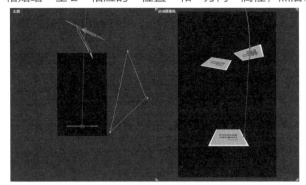

图 4-39

图 4-40

14 可以根据需要创建摄像机在 0 秒到 8 秒之间的动画。单击播放按钮▶，查看最后的卡片飞落的动画效果，如图 4-42 所示。

图 4-41　　　　　　　　　　　　　图 4-42

4.4.2　礼花魔盒

技术要点：

(1)3D 图层构建立体方盒。

(2)Particular 滤镜——创建喷射的礼花效果。

本实例效果如图 4-43 所示。

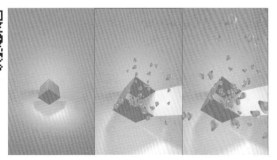

图 4-43

制作步骤：

01 创建一个新的合成，在"合成设置"对话框中进行参数设置，比如命名、分辨率和时间长度等，如图 4-44 所示。

02 新建一个灰色图层，设置"宽度"和"高度"均为 200 像素，在时间线窗口中激活该图层的 3D 属性 ，然后复制图层 6 层，分别重命名为"灰色纯色 2""灰色纯色 3""灰色纯色 4""灰色纯色 5"和"灰色纯色 6"。

03 调整图层"灰色纯色 1"和"灰色纯色 2"的颜色为橙色，调整图层"灰色纯色 3"和"灰色纯色 4"的颜色为品蓝色，如图 4-45 所示。

图 4-44

图 4-45

04 在预览窗口底部设置双视图显示模式，左窗口显示左视图，右窗口显示顶视图，如图 4-46 所示。

05 展开图层"橙色纯色 1"和"橙色纯色 2"的"位置"属性栏，设置参数如图 4-47 所示。

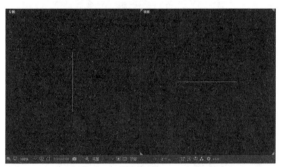

图 4-46

图 4-47

06 展开图层"品蓝色纯色 3"和"品蓝色纯色 4"的"旋转"和"位置"属性栏，设置参数如图 4-48 所示。

07 展开图层"灰色纯色 5"和"灰色纯色 6"的"旋转"和"位置"属性栏，设置参数，如图 4-49 所示。

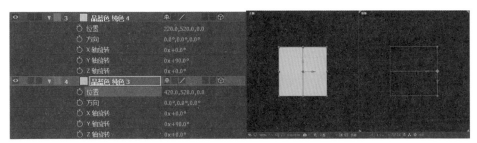

图 4-48

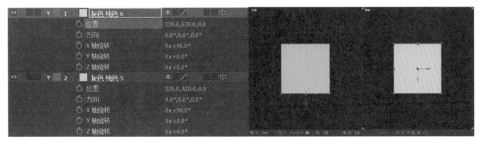

图 4-49

08 新建一个空对象，激活 3D 属性，然后链接所有的纯色图层作为"空 1"的子对象，如图 4-50 所示。

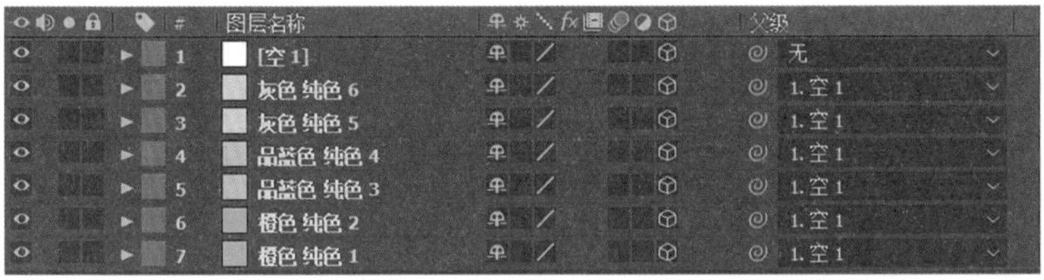

图 4-50

09 展开"空 1"的"旋转"属性栏，调整角度并查看合成预览效果，如图 4-51 所示。

图 4-51

10 新建一个空对象，激活 3D 属性，链接"空 1"作为"空 2"的子对象，分别调整两个空对象的"位置"参数，如图 4-52 所示。

图 4-52

11 关闭两个空对象的可视性，然后在预览窗口底部选择单视图模式，显示自定义视图 1，查看立方体顶角站立的效果，如图 4-53 所示。

12 在时间线窗口中选择"空 2"，分别在合成的起点和 4 秒设置"Y 轴旋转"的关键帧，数值分别为 0 和 700 度，单击图表编辑器按钮，调整关键帧的曲线插值，如图 4-54 所示。

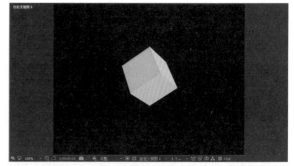

图 4-53

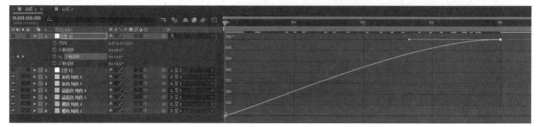

图 4-54

13 选择图层"橙色纯色 2"，调整"锚点"和"位置"参数，将锚点移动到图层的边缘，方便后面的旋转动画，如图 4-55 所示。

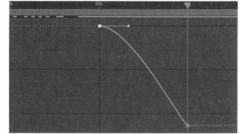

图 4-55

14 分别在 3 秒和 4 秒设置"Y 轴旋转"的关键帧，数值分别为 0 和 -114，单击图表编辑器按钮，调整关键帧的曲线插值，如图 4-56 所示。

15 单击播放按钮 ▶，查看立方体旋转的动画效果，如图 4-57 所示。

图 4-56

图 4-57

16 从项目窗口中拖曳"合成 1"到合成图标上，创建一个新的合成，自动命名为"合成 2"，在时间线窗口中激活图层"合成 1"的"折叠变换"和 3D 属性，如图 4-58 所示。

图 4-58

17 创建一个 36mm 的摄像机，在左视图中调整摄像机的位置和角度，如图 4-59 所示。

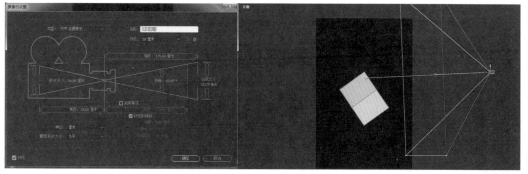

图 4-59

18 新建一个浅红色图层，激活 3D 属性，调整位置和角度，作为方盒旋转的地面，如图 4-60 所示。

19 再新建一个红色图层，激活 3D 属性，调整位置和角度，作为远处的背景，如图 4-61 所示。

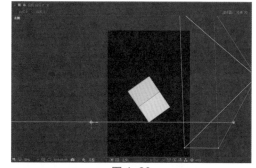

图 4-60

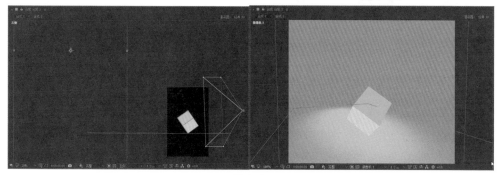

图 4-61

20 新建一个点光灯，设置参数，如图 4-62 所示。

21 在左视图、顶视图中调整灯光的位置，如图 4-63 所示。

图 4-62

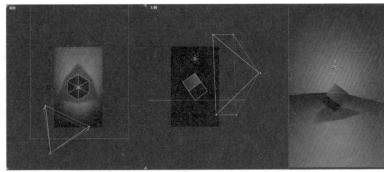
图 4-63

22 新建一个环境光，设置具体参数，如图 4-64 所示。

23 为了消除地面和背景墙生硬的过渡区域，选择作为地面的浅红色图层，绘制一个椭圆形蒙版，设置"蒙版羽化"值为 100，在顶视图中调整图层的角度，如图 4-65 所示。

图 4-64

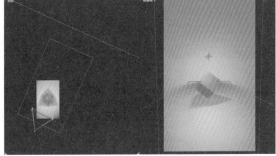
图 4-65

24 分别在 2 秒和 3 秒设置摄像机"位置"的关键帧，创建摄像机先前推镜头的动画效果，如图 4-66 所示。

图 4-66

25 单击图表编辑器按钮，选择关键帧插值为缓入缓出，如图 4-67 所示。

26 导入 PNG 图片"flower"并放置于时间线的底层，关闭可视性，新建一个黑色图层，重命名为"花瓣雨"，时间线入点为 3 秒 15 帧。

27 为"花瓣雨"添加 Particular 滤镜，设置"发射器"参数，如图 4-68 所示。

28 在 4 秒设置"粒子/秒"和"速率"的关键帧，数值为 20 和 100，在 5 秒设置"粒子/秒"和"速率"的第二个关键帧，数值为 30 和 200。

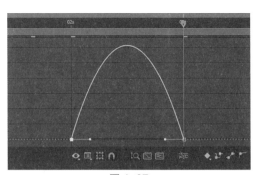

图 4-67

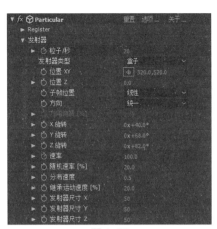

图 4-68

29 设置"粒子"选项组中的参数，指定粒子图层，如图 4-69 所示。

30 分别在 3 秒和 5 秒位置设置"大小"的关键帧，数值分别为 8 和 15。

31 展开"物理学"| Air 选项组，设置风力和扰乱场的相关参数，如图 4-70 所示。

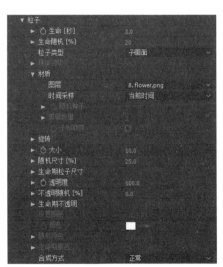

图 4-69

图 4-70

32 在 4 秒设置"风向 Y"和"风向 Z"的关键帧，数值为 −60 和 0，在 5 秒设置"风向 Y"和"风向 Z"的第二个关键帧，数值为 −120 和 −200。

33 拖曳当前指针，查看粒子花瓣的动画效果，如图 4-71 所示。

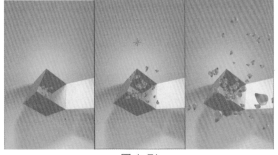

图 4-71

34 为图层"花瓣雨"添加"色相/饱和度"滤镜，调整参数，如图 4-72 所示。

35 单击播放按钮 ，查看礼花魔盒的动画效果，如图 4-73 所示。

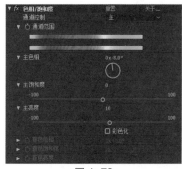

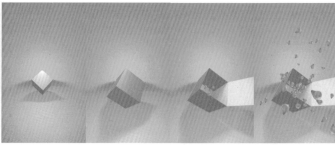

图 4-72   图 4-73

4.4.3 立体 Logo 投影

技术要点：

(1) CC 重复平铺——应用一个纹理图片制作大面积的地面。

(2) 灯光特性——调整灯光的位置和投影参数，获得理想的三维投影效果。

本例效果如图 4-74 所示。

制作步骤：

01 打开软件 After Effects CC 2017，创建一个新的合成，设置具体参数，如图 4-75 所示。

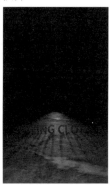

图 4-74   图 4-75

02 导入一张纹理图片"大理石 .jpg"并添加到时间线窗口中，进行预合成，自动命名为"大理石 .jpg 合成 1"，双击打开这个预合成，为大理石图层添加"CC 重复平铺"滤镜，设置参数，如图 4-76 所示。

图 4-76

03 激活"合成 1"的时间线窗口，激活图层"大理石 .jpg 合成 1"的 3D 属性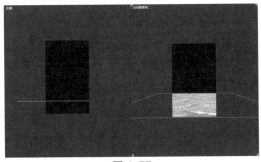，调整角度作为地面，如图 4-77 所示。

04 创建一个 20mm 的摄像机，调整摄像机视图，如图 4-78 所示。

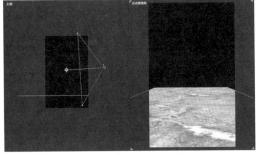

图 4-77   图 4-78

05 选择文字工具，输入字符"FLYING CLOTH"，颜色为暗红色，激活 3D 属性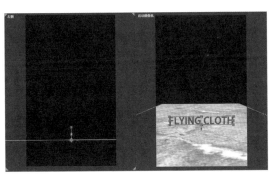，调整位置、角度和大小，如图 4-79 所示。

06 新建一个聚光灯，设置具体参数，如图 4-80 所示。

图 4-79   图 4-80

07 分别在左视图和顶视图中调整灯光的位置，如图 4-81 所示。

08 查看摄像机视图的灯光投影效果，如图 4-82 所示。

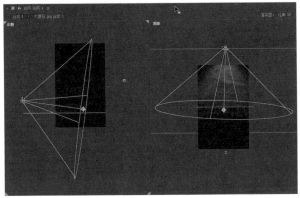

图 4-81   图 4-82

09 新建一个点灯光，设置具体参数，如图 4-83 所示。

10 分别在左视图和顶视图中调整灯光的位置，如图 4-84 所示。

图 4-83

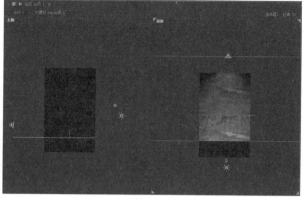

图 4-84

11 查看摄像机视图的灯光投影效果，如图 4-85 所示。

12 选择图层"大理石.jpg 合成 1"，添加"曲线"滤镜，稍降低亮度，如图 4-86 所示。

图 4-85

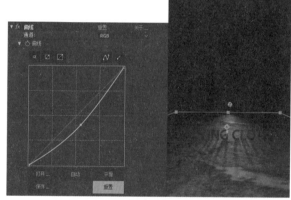

图 4-86

13 新建一个黑色图层，重命名为"背景"，放置于时间线窗口的底层，添加"梯度渐变"滤镜，设置参数，如图 4-87 所示。

图 4-87

14 在时间线窗口中展开"灯光 1"的"位置"属性栏，分别在合成的起点和终点设置关键帧，数值分别为 (0,706,743.4) 和 (580,706,743.4)，创建聚光灯的横向移动，获得文字投影变换的效果，如图 4-88 所示。

15 展开文字图层的"材质选项"，增加"透光率"滤镜到 60%，不仅会增加文字本身的亮度，也会使投影略显红色，如图 4-89 所示。

16 复制文字图层，自动命名为"FLYING CLOTH2"，调整"位置"数值为 (342,859.3,6)，使该文字层稍向后移动，然后添加"高斯模糊"滤镜，设置"模糊度"的数值为 2。

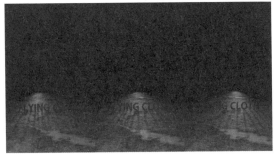

图 4-88

图 4-89

17 选择文字图层"FLYING CLOTH"，添加"斜面 Alpha"滤镜，接受默认值即可，增加文字的立体感，如图 4-90 所示。

图 4-90

18 添加"CC 光线扫射"滤镜，设置"宽度""扫光强度"和"边缘强度"等参数，分别在合成的起点和终点设置"中心"的关键帧，数值分别为 (–100,260) 和 (250,260)，如图 4-91 所示。

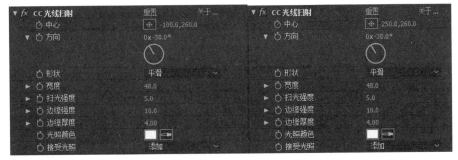

图 4-91

19 单击播放按钮▶，查看立体 Logo 的投影动画效果，如图 4-92 所示。

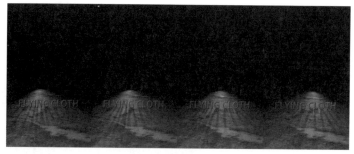

图 4-92

4.4.4　C4D 场景动效

技术要点：

(1) 导入 C4D 场景——After Effects 版本支持 C4D 文件导入，C4D 中的三维数据也可以导入 After Effects。

(2) 设置摄像机运动——创建三维场景移镜动画。

本例的动画预览效果如图 4-93 所示。

图 4-93

制作步骤：

01 打开软件 After Effects CC 2017，选择主菜单"文件"|"新建"|"MAXON CINEMA 4D 文件"命令，直接会打开软件 CINEMA 4D，如图 4-94 所示。

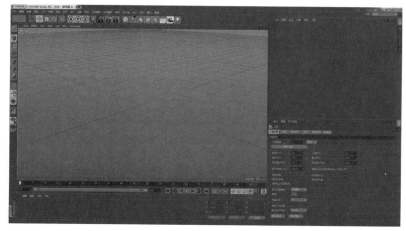

图 4-94

02 在 C4D 中创建模型、设置材质和灯光等，如图 4-95 所示。

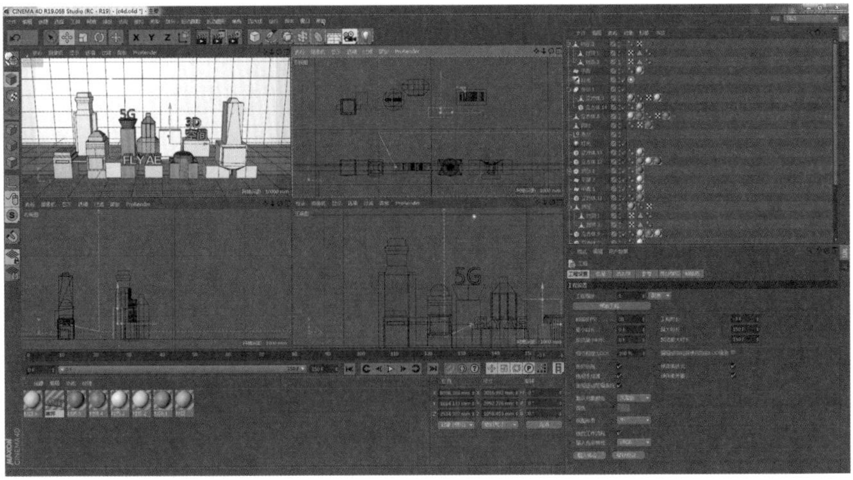

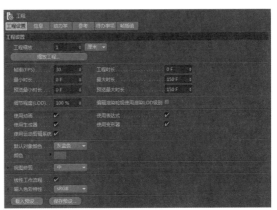

图 4-95

03 选择主菜单"编辑"|"工程设置"命令，在打开的"工程设置"面板中设置"帧率""时长"等参数，如图 4-96所示。

04 放大显示透视图，按 Ctrl+R 组合键进行渲染，查看场景效果图，如图 4-97所示。

图 4-96

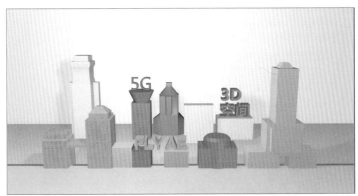

图 4-97

05 如果对效果比较满意，保存场景，然后回到 After Effects CC 的工作界面中，选择主菜单"文件"|"项目设置"命令，在弹出的"项目设置"对话框中单击"颜色设置"选项卡，进行相关选项的设置，如图 4-98 所示。

06 新建一个合成，设置参数，如图 4-99 所示。

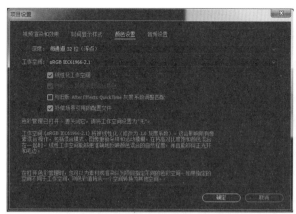

图 4-98

图 4-99

07 从项目窗口中拖曳 C4D 文件到时间线窗口中成为一个图层，查看合成预览效果，如图 4-100 所示。

08 展开效果控件面板，默认的 CINEWARE 设置如图 4-101 所示。

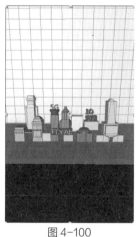

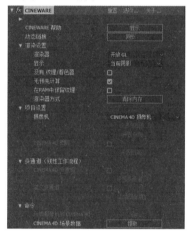

图 4-100

图 4-101

09 选择"渲染器"为"标准（安全）"选项，查看合成预览效果，如图 4-102 所示。

图 4-102

10　创建一个 35mm 的摄像机，在 CINEWARE 设置面板中选择"摄像机"选项为"合成中心摄像机"，然后选择摄像机工具在合成预览视图中调整构图，如图 4-103 所示。

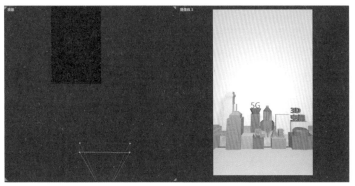

图 4-103

提示：不仅可以在 After Effects 中创建摄像机，也可以导入 C4D 场景中的摄像机，包括动画属性。

11　拖曳当前指针到合成的起点，在时间线窗口中展开摄像机的"变换"属性栏，设置"目标点"和"位置"的关键帧，拖曳当前指针到合成的终点，使用摄像机工具调整构图，创建摄像机动画，如图 4-104 所示。

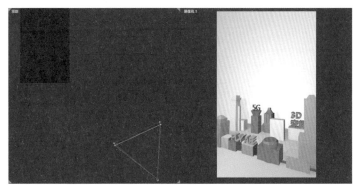

图 4-104

12　单击播放按钮▶，查看三维场景的动画效果，如图 4-105 所示。

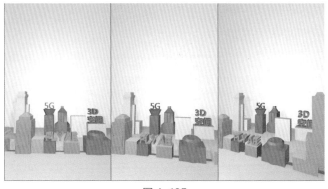

图 4-105

13 激活 C4D 软件，选择作为背景墙的平面 2，右键单击，从弹出的快捷菜单中选择"CINEMA 4D 标签"|"外部合成"命令，添加一个标签，如图 4-106 所示。

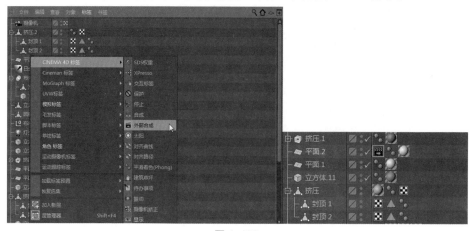

图 4-106

14 保存文件，再次激活 After Effects CC 软件，在 CINEWARE 控制面板中单击 CINEMA 4D 场景数据右侧的"提取"按钮，在时间线窗口中添加原来 C4D 场景中的灯光、摄像机、标签等，如图 4-107 所示。

图 4-107

15 选择文字工具创建文字图层，输入字符"MAGIC MOTION"，激活其 3D 属性，参照"平面 2"的"位置"参数来确定文字图层的位置，如图 4-108 所示。

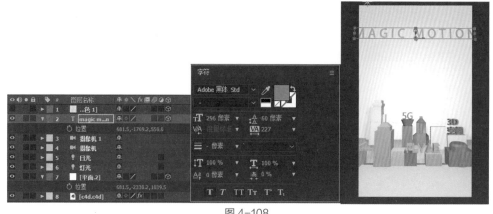

图 4-108

16 关闭"日光"的可见性，新建一个纯色图层，在"纯色设置"对话框中单击"吸管"按钮直接在预览视图中取色，如图 4-109 所示。

图 4-109

17 在时间线窗口中激活新建的浅红色图层的 3D 属性，复制"平面 2"的"位置"属性并粘贴到新建浅红色图层的"位置"属性，如图 4-110 所示。

18 因为文字接受了 C4D 场景提取的灯光，展开文字图层的"材质选项"栏，打开"投影"项，查看合成预览效果，如图 4-111 所示。

图 4-110

19 双击浅红色图层，绘制一个矩形蒙版，设置蒙版羽化值为 230，如图 4-112 所示。

图 4-111

图 4-112

20 拖曳当前指针到合成的终点，也就是摄像机侧视的位置，在预合成预览视图中拖曳浅红色图层的边缘进行放大，如图 4-113 所示。

21 双击图层"灯光"，在"灯光设置"对话框中进行设置，如图 4-114 所示。

22 调整文字的颜色、大小和字距等参数，如图 4-115 所示。

图 4-113

图 4-114

图 4-115

23 单击播放按钮▶，查看 C4D 场景的后期动画效果，如图 4-116 所示。

图 4-116

4.4.5　模拟全景动效

技术要点：

(1) 分层素材——3D 图层按深度分布。

(2) 景深——设置摄像机的光圈和焦距，产生景深模糊效果。

本例效果如图 4-117 所示。

图 4-117

制作步骤：

01 打开软件 After Effects CC 2017，创建一个新的合成，设置参数，如图 4-118 所示。

02 新建一个 50mm 的摄像机，如图 4-119 所示。

03 新建一个空对象，激活 3D 属性，调整空对象基本对齐摄像机的位置，如图 4-120 所示。

04 在合成的起点和终点之间设置空对象的位置动画，调整运动该路径，如图 4-121 所示。

图 4-118

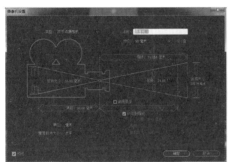

图 4-119

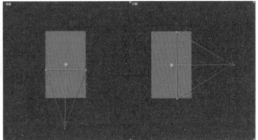

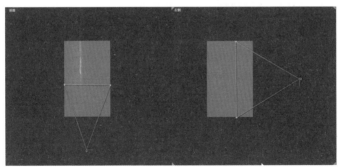

图 4-120

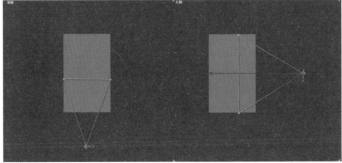

图 4-121

05 在时间线窗口中选择摄像机，按 P 键展开"位置"属性栏，添加表达式并链接到"空 1"的"位置"属性，如图 4-122 所示。

图 4-122

06 拖曳当前时间指针，查看摄像机跟随空对象的运动情况，如图 4-123 所示。

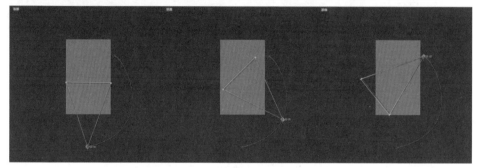

图 4-123

07 新建一个绿色图层，重命名为"地面"，激活 3D 属性■，调整图层的角度和位置，如图 4-124 所示。

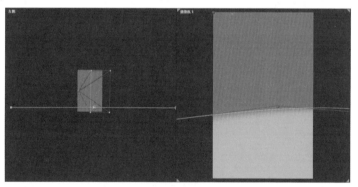

图 4-124

08 导入 PSD 分层文件"11.psd"中的背景图层，激活 3D 属性■，调整角度、位置和缩放，如图 4-125 所示。

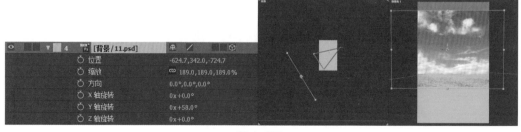

图 4-125

09 选择图层"背景 /11.psd",选择圆角矩形工具,绘制一个圆角矩形蒙版,设置"蒙版羽化"等参数,如图 4-126 所示。

图 4-126

10 复制图层"背景 /11.psd",调整位置、角度和大小,如图 4-127 所示。

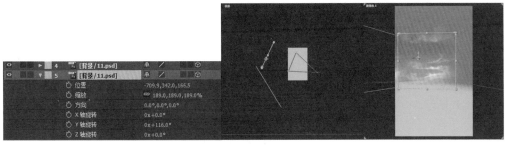

图 4-127

11 导入 PSD 分层文件"11.psd"中的"图层 1",也就是大树的图层,激活 3D 属性 ,调整角度、位置和缩放参数,如图 4-128 所示。

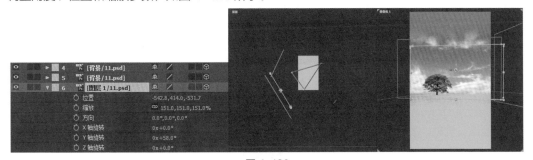

图 4-128

12 复制"图层 1/11.psd",调整位置、角度和大小,如图 4-129 所示。

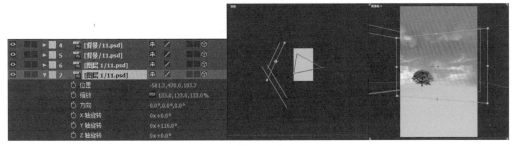

图 4-129

13 选择图层"地面",添加"分形杂色"滤镜,设置具体参数,如图 4-130 所示。

图 4-130

14 新建一个浅灰蓝色图层，重命名为"天空"，激活 3D 属性，调整位置、角度和大小，如图 4-131 所示。

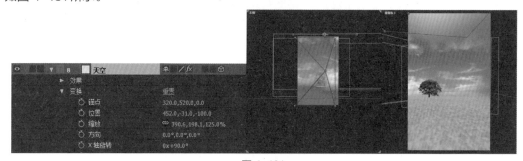

图 4-131

15 选择椭圆工具，绘制一个椭圆形蒙版，设置蒙版羽化等参数，如图 4-132 所示。

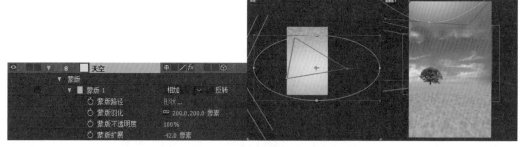

图 4-132

16 为天空图层添加"分形杂色"滤镜，设置具体参数，如图 4-133 所示。

17 再为后面的背景天空补充一下，导入图片"12.jpg"，激活 3D 属性，调整位置和缩放参数，如图 4-134 所示。

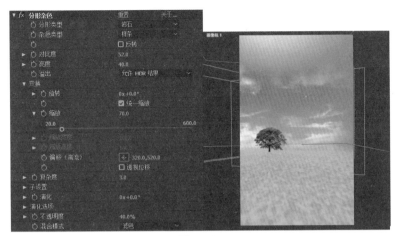

图 4-133

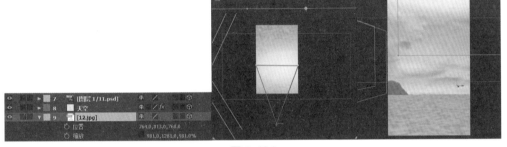

图 4-134

18 绘制一个矩形蒙版，设置蒙版羽化参数，如图 4-135 所示。

19 导入分层文件"房子 .psd"，激活 3D 属性⬚，调整该图层的位置和角度，如图 4-136 所示。

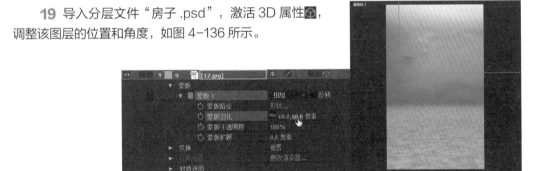

图 4-135

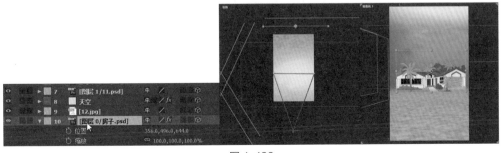

图 4-136

20 选择钢笔工具，绘制自由蒙版，设置蒙版羽化，并使用蒙版羽化工具在合成预览窗口中调整不同区域的羽化值，如图 4-137 所示。

图 4-137

21 拖曳当前指针，查看天空、地面和树、房子的合成预览效果，如图 4-138 所示。

22 再导入一个房子的图片"001.jpg"到时间线窗口，激活 3D 属性，调整位置、角度和大小，如图 4-139 所示。

23 添加"颜色范围"滤镜，抠除房子背景的蓝色区域，如图 4-140 所示。

图 4-138

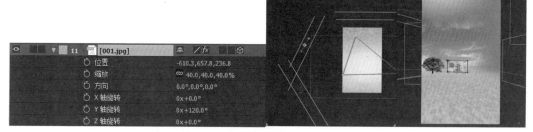

图 4-139

图 4-140

24 导入一个小孩踢球的图片"足球.psd"到时间线窗口，激活 3D 属性，调整位置、角度和大小，如图 4-141 所示。

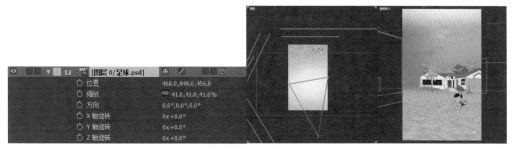

图 4-141

25 导入一个骑车的图片"05.psd"到时间线窗口，激活 3D 属性，
调整位置和大小，如图 4-142 所示。

图 4-142

26 选择主菜单"图层"|"变换"|"自动定向"命令，在弹出的"自动方向"对话框中勾选"定
位于摄像机"选项，这样图层自动朝向摄像机，如图 4-143 所示。

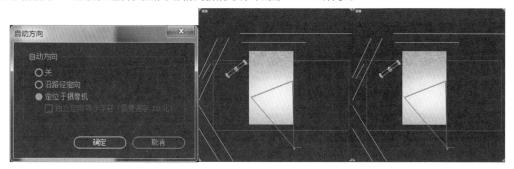

图 4-143

27 使用上面同样的方法添加骑自行车、树近景等图层，激活 3D 属性，调整位置和大小，
并设置该图层定位于摄像机，拖曳当前指针，在顶视图查看这些图层跟随摄像机运动的效果，如
图 4-144 所示。

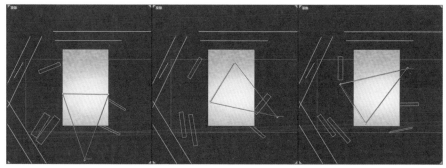

图 4-144

28 单击播放按钮 ，查看模拟全景摄像机旋转的动画效果，如图 4-145 所示。

图 4-145

4.5 本章小结

　　本章主要讲解三维图层的特性和灯光、摄像机的应用技巧，通过父子对象实现多个对象的运动控制，在三维空间中不仅可以导入 C4D 的场景和摄像，还可以通过将分层元素在不同深度的分布，利用摄像机的运动创建模拟全景的移镜动画效果，重新组合二维图像或图形，创建更加多样的动效。

第 5 章　文字与图形动效

在 After Effects 中，可以灵活准确地添加文本，直接在合成窗口中创建和编辑文本，并能快捷地改变字体、样式、大小和颜色，既可以改变单独的字符，也可以为整段文本设置格式选项，包括对齐、分布以及词换行方式等。对于这些样式特性，After Effects 提供了更为方便的工具创建指定字符和诸如文本透明以及色相等特性的动画。

在很多情况下，文本图层和其他图层没有太大的区别，可以应用效果和表达式，也可以创建动画、设置为 3D 图层以及在多视图中编辑 3D 文本。最主要的区别就是文本图层不能在自己的图层面板中打开，以及可以通过使用动画器和选择器创建文本动画。

5.1 创建文本图层

5.1.1 创建文本

创建文本图层可以通过以下两者任一方式：选择主菜单"图层"|"新建"|"文本"命令，或者使用文字工具在合成窗口中单击。当使用文本命令时，会创建一个新的文本层，并且会在合成窗口的中心位置出现水平文字工具的插入点，当使用文字工具在合成窗口中单击时则可以直接创建新的文本。

当输入文本时，文本的每一行都是独立的，一行的长度随着编辑变长或缩短，但是不会包围下一行，输入的文本会出现在新的文本图层中。"I"图标中的小直线表示文本基线的位置，该基线表示文本停留的行；对于垂直文本，基线表示文本字符的中心轴。如图 5-1 所示为创建的文字。

在输入段落文本时，文本行包围起来以适应输入框的尺寸。可以输入多个段落并选择一个段落最佳选项。可以调整输入框的大小，输入框限制文本在这个可调节的矩形区域内。可以在输入文本或创建文本图层之后调整输入框的尺寸，如图 5-2 所示。

草原上永远不

图 5-1

当输入文本或完成输入时，可以调整文本输入框，保持文字工具活动状态，在合成窗口中选择该文本层显示输入框手柄，将指针放在手柄上，指针会变成一个双箭头，然后执行以下任一操作。

图 5-2

◆ 向一个方向拖曳调整。

◆ 按住 Shift 键拖曳保持输入框的纵横比。

◆ 在拖曳时按住 Ctrl 键从中心开始调整。

提示：如果输入的文本超过输入框，会在输入框中出现超出图标，在右下角显示一个小加号，如图 5-3 所示。

还有一种创建文本的方法，就是从其他应用软件复制文本，例如可以从 Adobe Photoshop、Adobe Illustrator、Adobe InDesign 或任何其他文本编辑软件中复制文本，并粘贴到 After Effects 文本图层中。

图 5-3

5.1.2 编辑文本

一旦创建了文本图层，可以随时在文本层编辑文本。即使为文本设置了路径、指定成 3D 图层、变换或制作成动画，仍然可以继续编辑。如果在合成窗口中移动文字工具，当指针正好在文本层上时，变成一个编辑文本指针，单击可以编辑现有的文本；当指针没有在文本层上时，指针变成一个新建文本指针，单击可以创建一个新的文本图层。

在文本图层编辑文本的操作步骤如下。

01 选择水平或垂直文字工具。

02 在时间线窗口中双击该文本图层，将输入工具设置成可编辑模式并选择该图层，如图 5-4 所示。

03 根据需要编辑文本。

在没有保持可编辑模式的情况下，在合成窗口中可以移动文本，首先选择文字工具，将指针远离文本，当指针变成移动图标时，然后拖曳文本即可，如图 5-5 所示。

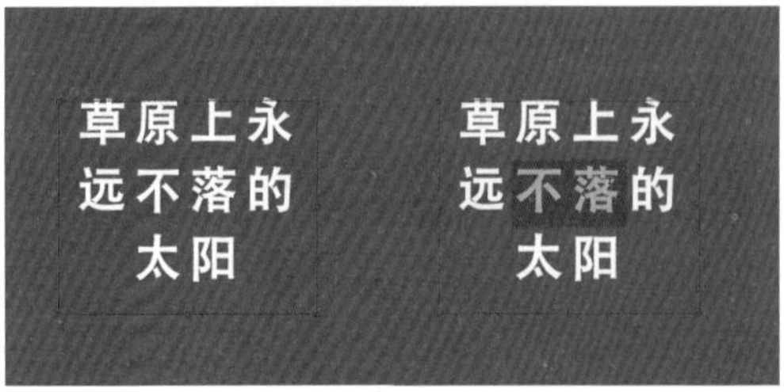

图 5-4

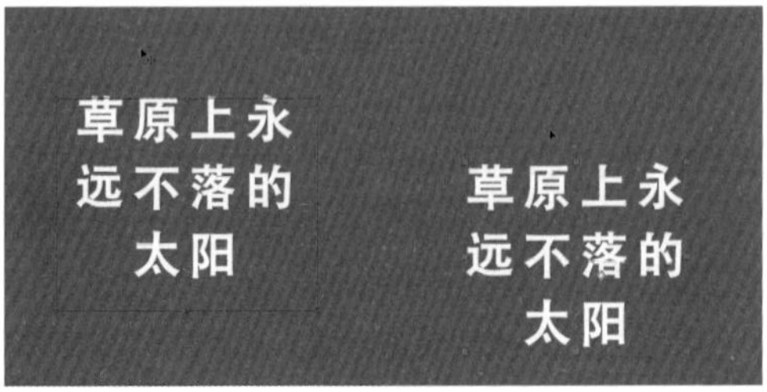

图 5-5

编辑文本主要包括以下两个方面：一个是修改字符格式，一个是设定段落格式。

After Effects 可以准确地控制文本层中的单个字符，包括字体、字号、颜色、行距、字距、跟踪、基线移动和对齐方式。可以在输入字符之前设置字符属性，或者在文本层中改变所选字符的属性。

"字符"面板中提供完整的编辑字符格式的选项，如果对 Word 或 WPS 等文本编辑软件比较了解的话，对这些字符属性也很容易理解，如图 5-6 所示。

在使用"字符"面板时，注意以下几点。

◆ 如果文本是高亮的，在"字符"面板中所做的修改只影响高亮的文本。

◆ 如果没有高亮文本，在"字符"面板中所做的修改会影响所选的文本层，也会影响该文本层的源文本关键帧。

◆ 如果没有高亮文本并且没有选择文本，在"字符"面板中所做的修改将作为以后文本输入的默认格式。

使用"段落"面板设置选项会应用到整个段落中，如对齐、缩排和行距，如图 5-7 所示。

图 5-6

图 5-7

1) 对齐和分布文本

可以使文本在一边对齐（左、中心对齐或右对齐水平文本；顶对齐、居中或底对齐垂直文本），并且调整文本两边排布。对齐选项对于点文本和段落文本都是可用的；排布选项仅用于段落文本。

2) 段落缩进

缩进表示文本与边界框或包含该文本的行之间的距离。缩进仅影响所选段落，所以可以轻松地对段落设置不同的缩进。在"段落"面板中缩进选项包括以下几种。

◆ 左缩进：从段落文本的左边缘产生缩进。对于垂直文本，该选项控制段落从顶部产生缩进。

◆ 右缩进：使段落文本从右边缘产生缩进。对于垂直文本，该选项控制段落从底部产生缩进。

◆ 首行缩进：使段落文本从第一行产生缩进。对于水平文本为首行的左缩进；对于垂直文本，首行缩进意味着顶行缩进。要创建首行悬挂缩进，则输入一个负值。

3) 段落间距选项

◆ 段前距离

◆ 段后距离

使用"段落"面板可以修改文本图层中的一个段落、多个段落或所有段落的格式选项。如果要选择需要修改格式的段落，首先选择水平文字工具或垂直文字工具，然后执行以下任一操作。

◆ 单击段落内部修改单一段落格式。

◆ 拖曳选区选择多个段落可以修改多个段落的格式。

◆ 在时间线窗口中选择一个或多个文本图层，在所选图层的所有段落中修改段落格式。

◆ 选择一个或多个源图层关键帧仅在这些关键帧的图层中修改段落格式。

5.2 文本动画

用户可以像对待 After Effects CC 中的图层一样为文本图层设置变换属性的关键帧，由于文本层具有附加的动画选项，还可以通过其他多种方式为文本图层添加动画效果。

5.2.1 源文本动画

使用"源文本"属性改变动画文本图层本身的字符或段落特征（如，将 a、b 改变成 c）。由于可以在一个文本层中混合和匹配格式，所以可以轻松地创建或改变单词或成语每个细节的动画。例如，可以为"源文本"设置关键帧，在不同的时间间隔改变字符，如图 5-8 所示。

图 5-8

在"字符"面板中修改文本颜色、字体大小、字体类型或笔画的宽度等属性，都可以创建动画，如图 5-9 所示。

图 5-9

5.2.2 动画器与选择器

文本层具有更多独特的属性，比如位置、全部变换属性、倾斜、填充颜色、描边颜色、描边宽度、字符间距、行锚点、字符位移、字符值、模糊等，通过单击"动画"右侧的添加按钮可以进行选择添加，如图 5-10 所示。

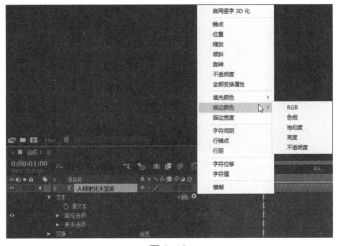

图 5-10

这些添加的属性都可以具有动画属性，并且可以通过许多方式将其结合起来——在已有动画器群组（包含一个选择器和一个动画器属性）中添加更多动画器属性，添加新的动画器群组，或者在已有动画器群组中添加新的选择器，如图 5-11 所示。

图 5-11

添加了动画制作工具同时会添加范围选择器，用来确定动画工具发挥作用的字符范围。除包含一个默认的范围选择器外，还可以添加另一个范围选择器、摆动选择器或表达式选择器，如图 5-12 所示。

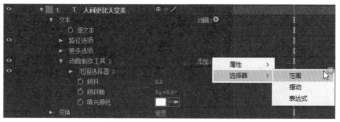

图 5-12

当在一个动画工具群组中添加多个选择器时，通过使用选择器的模式属性控制每个选择器的组合方式，如图 5-13 所示。

可以通过改变时间线窗口中的数值或直接在合成预览窗口中调整的选择器的开始和结尾来改变选择器的属性值，如图 5-14 所示。

如果在动画器群组中添加表达式选择器，在时间线窗口中选择一个动画器群组，从"添加"菜单中选择"选择器"|"表达式"命令，然后展开"表达式选择器"和"数量"属性栏，在时间线中显示表达式编辑栏，如图 5-15 所示。

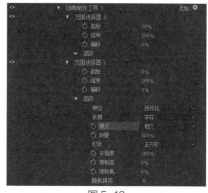

图 5-13

图 5-14

综合使用动画选项和选择器可以创建复杂的文本动画，否则需要很辛苦的关键帧操作。大多数文本动画仅需要动画选择器的值，而不是选项值。因此文本动画即使在复杂的动画中仍使用很少的关键帧。例如，要从第一字符到最后字符之间逐渐实现不透明

图 5-15

度动画，在动画制作工具中将不透明度设置为 0，然后在 0 秒将选择器的"结束"属性设置为 0，在动画结尾设置成 100%，如图 5-16 所示。

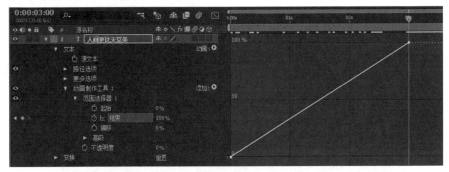

图 5-16

拖曳当前指针查看字符逐渐消失的动画效果，如图 5-17 所示。

图 5-17

继续添加动画器，如图 5-18 所示。

图 5-18

单击播放按钮▶查看字符的动画效果，如图 5-19 所示。

图 5-19

一旦创建并修改了文本图层的格式，使用动画群组可以快速而简单地创建精细的动画。文本动画群组包括一个或多个选择器以及一个或多个动画选项。选择器就像一个遮罩——指定应用动画选项的字符或一部分文本图层。使用选择器可以指定文本的百分比、文本的特殊字符或确定文本范围，可以为任何选区添加动画，以便于使文本动画随时间而改变。

5.2.3　应用文本动画预设

浏览并应用文本动画预设同其他动画预设一样方便快捷，打开文本预设文件夹可以查看动画预设的类型，如图 5-20 所示。

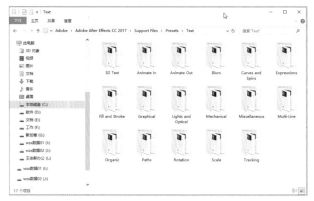

图 5-20

在 After Effects CC 中可以使用"浏览预设"命令，选择并打开相应的文件夹，预览动画预设的效果，如图 5-21 所示。

图 5-21

一旦选择了某个动画预设，就可以将动画预设应用于文本，自定义添加了动画制作工具和选择器以及相应的关键帧，如图 5-22 所示。

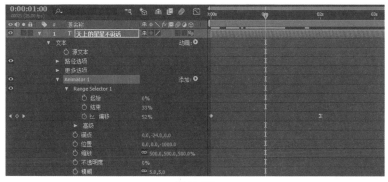

图 5-22

拖曳当前指针查看应用了预设的文本动画效果，如图 5-23 所示。

图 5-23

因为文本动画预设是在 NTSC DV 720×480 的合成中创建的，当有些动画将文本移入、移出或通过合成窗口时，动画预设位置的数值不能适应大于或小于 720×480 的合成，比如一个从屏幕外开始的动画可能从屏幕上开始，所以需要调整文本动画器的位置数值。如果文本不在期望的位置上或出乎意料地消失了，在时间线窗口或合成窗口中调整文本动画器的位置数值即可。

在时间线窗口中对应用于文本的动画制作工具中的参数进行调整，也可以调整选择器的关键帧的位置，比如把"偏移"的第二关键帧向后调整到 3 秒位置，改变动画的速度，如图 5-24 所示。

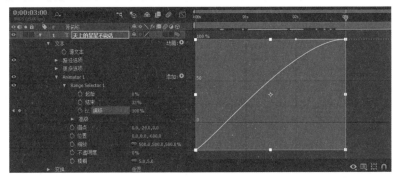

图 5-24

确定当前时间指针在 3 秒位置，再选择添加一个文本消逝的动画预设。选择主菜单"动画"|"将动画预设应用于"命令，在打开的预设库中选择比较满意的一项预设，如图 5-25 所示。

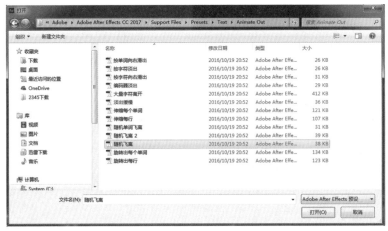

图 5-25

单击"打开"按钮，就为文本添加了新的动画预设，在时间线窗口中可以看到新添加的动画制作工具和选择器以及关键帧，如图 5-26 所示。

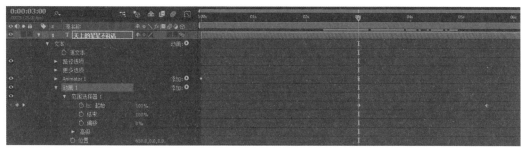

图 5-26

添加了动画预设之后，根据自己的需要调整相应的关键帧以改变动画的速度和不同动画之间的衔接，如图 5-27 所示。

图 5-27

查看一下完整的文本动画效果，如图 5-28 所示。

图 5-28

5.2.4　操作文本路径

在文本层中应用蒙版路径除了控制普通图层的显示区域外，更重要的是可以使文本跟随蒙版产生一个路径，然后可以沿着该路径移动文本或动画路径本身，如图 5-29 所示。

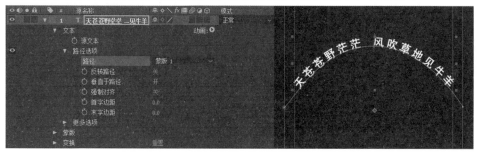

图 5-29

在创建蒙版或路径之后可以随时进行修改，如同修改其他的路径一样，如图 5-30 所示。

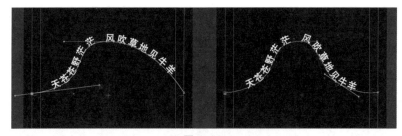

图 5-30

当使用封闭的蒙版作为文本路径时，确定将蒙版模式设置为"无"，如图 5-31 所示。

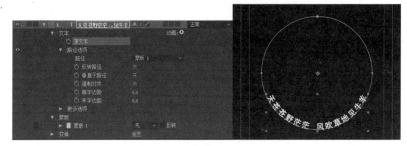

图 5-31

使用"路径选项"指定路径并改变字符在路径中出现的方式——反转路径、垂直于路径、强制对齐等。"首字边距"和"末字边距"可以轻松地创建文本沿着路径运动的效果，如图 5-32 所示。

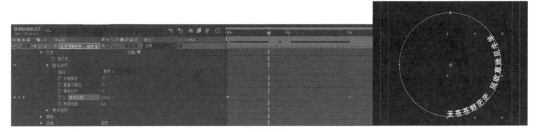

图 5-32

在文本动画预设中也包含了路径动画的选项，比如应用"跨栏"动画预设，其中包含了文本路径选项和蒙版路径的关键帧，如图 5-33 所示。

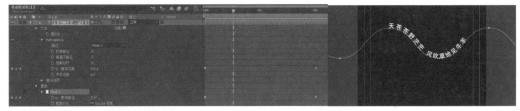

图 5-33

5.3 高级绘画工具

画笔工具、仿制图章工具以及橡皮擦工具都是绘画工具，使用笔刷可以为一个图层绘画，还可以添加或减少像素，或者调整图层的透明度。

5.3.1　选择与调整笔刷

使用绘画工具不仅可以在个别帧上进行绘画，还可以在一定范围的多帧内绘制自动动画的笔画。默认情况下，笔刷工具创建柔和的颜色笔画，可以通过改变工具的选项来改变画笔的默认属性，也可以通过指定混合模式确定画笔与图层背景色以及其他画笔的相互作用方式。可以在一些帧中设置笔画属性的关键帧或者在一个笔画形状中插补另一个笔画形状。

还可以在图像的 Alpha 通道或 RGB 通道中应用画笔工具和仿制图章工具，当选择 Alpha 项时，能够添加或减少不透明度，如果使用 100% 的黑色绘画 Alpha 通道，结果如同使用橡皮擦工具一样。

一旦选择了一种绘图工具，就可以从"画笔"面板或"绘画"面板中选择笔刷。利用"画笔"面板可以选择预置笔刷并设计自定义笔刷。对已有的笔刷提示所做的任何修改都可以作为新的笔刷提示存储起来。选择主菜单"窗口"|"画笔"或"绘画"命令可以打开"画笔"或"绘画"面板，如图 5-34 所示。

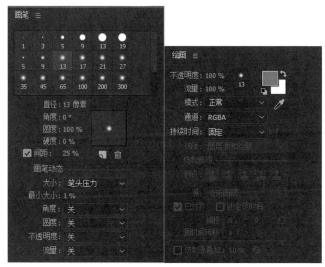

图 5-34

已经绘制完成的笔画，还可以在时间线窗口中进行调整，如图 5-35 所示。

指定绘画选项，主要是在绘画控制面板中设置颜色、模式、通道以及持续方式等参数。

1) 指定绘画颜色

"绘画"面板中包括前景色和背景色。可以从一系列颜色中选择或者输入 RGB 值创建新颜色。通过单击开关图标转换这些颜色的顺序，或者通过单击复位图标返回黑色和白色。

2) 选择混合模式

"绘画"面板或时间线窗口中指定的混合模式控制通过笔刷像素作用图像的方式，包含以下模式：正常、变暗、相乘、颜色加深、线性加深、相加、变亮、屏幕、颜色减淡、线性减淡、叠加、柔光、强光、线性光、亮光、点光、纯色混合、差值、排除、色相、

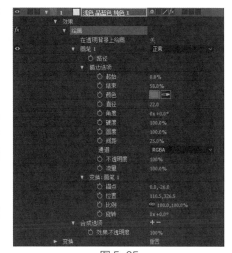

图 5-35

饱和度、颜色、发光度和轮廓亮度。这些混合模式类似于图层的混合模式。

在"绘画"面板中可以为每个笔画选择持续时间。该选项决定笔画的时间条在时间线窗口中的持续时间，包括以下几个选项。

◆ 固定：默认选项，在当前帧和图层的所有以后的帧中绘画。

◆ 写入：为动画绘制笔画。

◆ 单帧：只在所选帧中绘画。

◆ 自定义：在指定数目帧中应用绘画笔画。

在画笔设置面板中选择需要自定义的笔刷并修改以下选项：直径、角度、圆度、硬度和间距，如果连接了数字绘画笔，还可以控制压感，可以获得更丰富的笔画。

当激活橡皮擦工具时，"画笔"和"绘画"面板中的相应选项也会跟选择画笔工具时有所不同，使用橡皮擦工具可以在图层中创建透明区或消除绘制笔画，如图 5-36 所示。

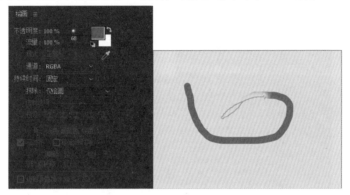

图 5-36

当使用橡皮擦工具时，根据"图层源和绘画"或"仅绘画"选项，在时间线窗口中图层的绘画属性组创建单独的元素和时间长度条。可以为这些擦除笔画的形状、笔画属性以及变换属性创建独特的动画效果，如图 5-37 所示。

图 5-37

与之对比，选择"仅最后描边"选项不能设置动画，而且永久删除目标笔画。

除了基本的绘画和橡皮擦，绘画功能还包括比较高级而复杂的克隆功能，可以复制场景单元，也可以通过克隆的办法修饰场景中不尽人意的部分。在高级功能中还包括在时间线上对笔画的处理，比如变换、笔画选项和混合等。

5.3.2 操作绘画时间线

一旦在图层中使用了绘图笔画，通过在时间线窗口中调整混合模式、笔画属性以及变换属性，可以修改笔画与图层以及合成的作用方式。

每个绘图笔画都会在时间线窗口的"绘画"选项栏中按数字进行标记和命名。例如笔刷命名为"画笔1""画笔2""橡皮擦1""橡皮擦2""仿制1""仿制2"等。要查看绘图笔画，则在时间线窗口中选择该图层，并按P键两次，如图5-38所示。

图 5-38

每个绘图笔画在时间线窗口中都有各自的类似于图层的持续时间条。在"绘画"面板中选择的持续时间选项决定该持续时间条的长度。绘图笔画具有类似图层的特点：拖曳持续时间条的入点或出点改变其持续时间，并且通过上下移动改变其与其他笔画的相对顺序，如图5-39所示。

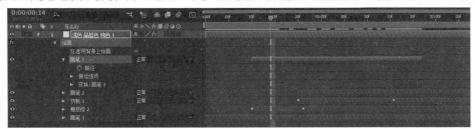

图 5-39

虽然不能编辑笔画的形状，但是可以通过设置"路径"的关键帧在不同的时间改变笔画的形状，如图5-40所示。

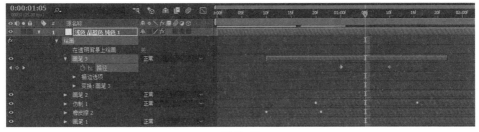

图 5-40

每个笔画在时间线窗口的"绘画"选项中都有各自的"描边选项"和"变换"属性，如图5-41所示。

图 5-41

使用选择工具在时间线窗口或图层窗口中选择笔画，当选择一个绘图笔画时，在图层窗口显现，在该笔画的起始点出现一个定位点，并且会在笔画的长度范围内有一条黑线，如图 5-42 所示。

通过在时间线窗口中指定绘图笔画的变换选项，可以设置笔画的定位、缩放、不透明度以及旋转角度。变换选项以绘图笔画的中心作为定位点进行改变。

在"绘画"面板中，选择"持续时间"选项

图 5-42

为"写入"，或者在时间线窗口中设置描边选项的关键帧也可以进行动画，如图 5-43 所示。

图 5-43

当设置写入模式的画笔时，绘画时的移动速度决定了笔画书写的速率，当然也可以根据需要调整"描边选项"属性栏中的"结束"参数的关键帧。

5.3.3 高级仿制工具

由于现场拍摄的条件所限，或者前期成本的问题，都有可能不可避免地遭遇现场不尽如人意的情况，后期的修复工作就不可避免，而且直接影响到最后成品的质量。After Effects CC 中的仿制图章工具和 Photoshop 中的图章工具有着同样的技巧和经验可循。

使用仿制图章工具可以复制像素以及在图层窗口中修改图像。仿制图章工具从源图层取样像素（在应用特效之前），然后将该样本应用到相同图层或作为源图层应用到相同合成的其他图层。可以复制单一帧或在一连串帧中使用复制笔画。每个复制笔画可以使用多个取样进行绘画。

仿制图章工具具有一些独特的、区别于画笔和橡皮擦工具的控制项，如图 5-44 所示。

如果选择了"绘画"面板中的"已对齐"选项，松开鼠标按键时不会丢失当前取样点，结果取样像素被持续应用，复制整个取样区域，而不管有多少次停止又重新继续绘画。如果取消选择"已对齐"选项，则在每次停止又重新继续绘画时都会使用重新取样的像素。

当选择"锁定源时间"选项时会从单一帧到所有后来应用笔画的帧进行

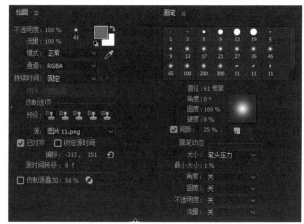

图 5-44

取样。当取消选择该选项时，仿制图章工具继续取样并在固定持续时间内的所有后来帧中应用笔画，持续时间是通过在时间线窗口中的仿制时间偏移的值决定。

当使用仿制图章工具时，先在源图层中设置起始取样点（源位置），然后在目标图层中拖曳鼠标按键进行取样。为了识别仿制图章工具的取样对象，会在源图层的取样点出现一个加号，如图 5-45 所示。

通过"仿制源叠加"选项可以更容易地识别取样区域，该选项会在工作时在目标图层上显示源图层的半透明图像。

对于每一个仿制笔画，如果绘制时不够准确，还可以在时间线窗口中对描边选项和变换属性进行调整，如图 5-46 所示。

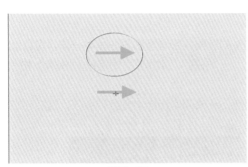

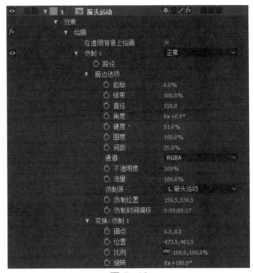

图 5-45　　　　　　　　　　　　　　　　　图 5-46

比如在源图层上有一个箭头在水平运动，通过修改"描边选项"属性栏中的仿制位置和仿制时间偏移以及"变换"属性栏中的位置和旋转参数，拖曳当前时间指针，查看仿制后箭头的动画效果，如图 5-47 所示。

图 5-47

其实还有一个相当实用的绘画工具，那就是 Roto 笔刷工具，可以直接在图层上绘画，将前景从复杂的背景中分离出来。尤其是在绘画的同时看见背景图层，这就为参照绘画提供了很大的方便。

5.4　形状图层运动

在 After Effects CC 中，应用形状工具可以绘制丰富多彩的二维图形，尤其是在目前十分流行的 MG 风格界面动画中，特别方便和实用，下面重点讲解常用的图形属性和功能。

首先选择椭圆工具，设置填充和描边颜色以及描边宽度，如图 5-48 所示。

图 5-48

按住 Ctrl+Shift 键直接在合成预览窗口的中心绘制一个圆形，在时间线窗口中展开形状的"内容"属性栏，如图 5-49 所示。

图 5-49

绘制完成的图形可以继续调整形状，与前面讲过的调整蒙版路径的方法基本一样，可以调整大小和位置，还可以在"变换"属性栏中调整"锚点""位置""比例""倾斜""旋转"和"不透明度"等，如图 5-50 所示。

在"描边"和"填充"属性栏中主要是图形颜色、不透明度和描边宽度等参数，其实还有更强大的功能，单击"添加"按钮从中选择更有创意的选项，如图 5-51 所示。

图 5-50

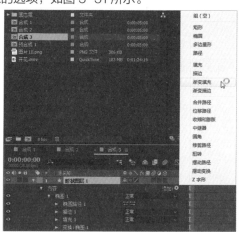

图 5-51

例如选择"渐变填充"选项，然后就可以设置渐变，如图 5-52 所示。

图 5-52

展开"渐变填充"属性栏，设置类型和颜色，如图 5-53 所示。

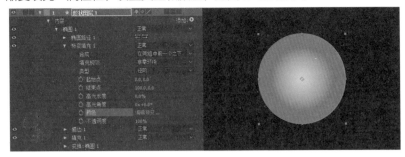

图 5-53

展开"描边"属性栏，单击"虚线"右侧的 + 号，然后设置虚线的参数，如图 5-54 所示。

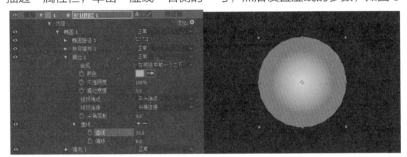

图 5-54

再单击"添加"按钮，选择添加一个多边形，如图 5-55 所示。

图 5-55

再单击"添加"按钮，选择添加一个合并路径，可以将椭圆和多边形进行合并运算，如图 5-56 所示。

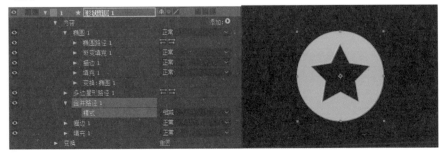

图 5-56

展开合并路径的"描边"属性栏，添加虚线，如图 5-57 所示。

图 5-57

选择合并路径项，单击"添加"按钮添加"渐变填充"，设置渐变颜色和类型，如图 5-58 所示。

图 5-58

展开"描边"属性栏，调整描边宽度为 10，设置"虚线"栏中"偏移"的关键帧，创建虚线滚动的动画效果，如图 5-59 所示。

图 5-59

除了创建矩形、圆形和多边形等封闭图形，还可以选择钢笔工具直接在预览窗口中绘制曲线，如图 5-60 所示。

绘制好的形状，通过添加"收缩和膨胀"属性，调整"变换"参数，产生更加丰富的形状，如图 5-61 所示。

读者可以花费一些时间和精力不断尝试图形的其他属性和参数，会越来越快捷地创建多种多样的形状，在 UI 设计中创造丰富多彩的元素。

图 5-60

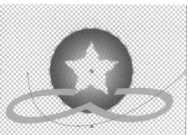

图 5-61

5.5 课堂练习

5.5.1　字符闪烁

技术要点：

　　(1) 应用文本预设动画。
　　(2) 使用表达式控制文本动画。
　　本例预览效果如图 5-62 所示。

图 5-62

制作步骤：

　　01 打开软件 After Effects CC 2017，创建一个新的合成，并在"合成设置"对话框中进行选项设置，如图 5-63 所示。

　　02 在工具栏中选择文字工具，在合成预览窗口中输入一串字符，如图 5-64 所示。

　　03 在时间线窗口中，展开文本层的文本属性，单击"动画"旁的按钮，从弹出菜单中选择"不透明度"选项，自动添加了动画制作工具，包含默认的选择器和不透明属性，如图 5-65 所示。

图 5-63

图 5-64

图 5-65

　　04 选择"范围选择器 1"并将其删除，单击与"动画制作工具 1"对应的"添加"右侧的按钮，选择"选择器"|"摆动"选项，添加一个摆动选择器，如图 5-66 所示。

图 5-66

05 再选择"添加"|"选择器"|"表达式"选项。如果摆动选择器不在表达式选择器的前面，则将摆动选择器拖曳到表达式选择器的上面，如图 5-67 所示。

06 展开"表达式选择器 1"属性栏中的"数量"属性，查看默认表达式：

selectorValue * textIndex/textTotal

图 5-67

07 使用以下表达式取代默认表达式：

```
r_val=selectorValue[0];
if(r_val < 50)r_val=0;
if(r_val > 50)r_val=100;
r_val
```

如图 5-68 所示。

图 5-68

08 将"不透明度"的数值设置为 0，拖曳当前指针，查看字符闪烁的动画效果，如图 5-69 所示。

图 5-69

09 添加"发光"滤镜，设置具体参数，如图 5-70 所示。

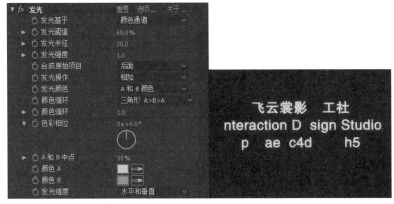

图 5-70

10 单击播放按钮 ，预览字符闪烁的动画效果，如图 5-71 所示。

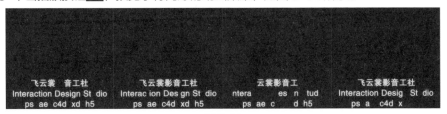

图 5-71

5.5.2　手写字效果

技术要点：

(1) 画笔工具——写入选项绘制自动笔画。

(2) "画笔描边"滤镜——创建笔画晕墨效果。

本例动画预览效果如图 5-72 所示。

图 5-72

制作步骤：

　　01 启动 After Effects CC 2017，创建新的合成，设置合成的宽度和高度分别为 640 和 1040 像素，持续时间为 8 秒。

　　02 选择工具栏中的文字工具，在"字符"面板中设置字体、字号等参数，然后在预览窗口中键入文字"飞"，如图 5-73 所示。

　　03 新建一个黑色的图层，放置于顶层，双击该图层，激活画笔工具，绘制一个笔画，如图 5-74 所示。

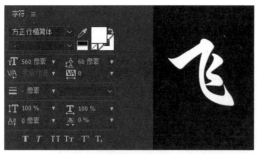

图 5-73

图 5-74

04 在时间线窗口中展开"绘画"属性栏下的"描边选项"和"变换"属性，调整"画笔 1"的位置和角度，使其与"飞"字的第一笔画相匹配，如图 5-75 所示。

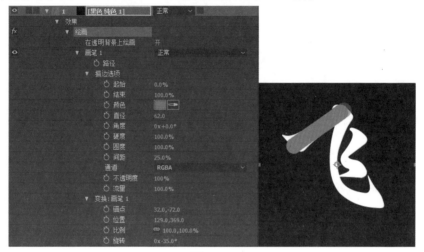

图 5-75

05 为了方便参照"飞"字绘制笔画，可以是将合成窗口与黑色图层窗口并列显示，继续绘制第二笔画来填补拐弯处的空缺，如图 5-76 所示。

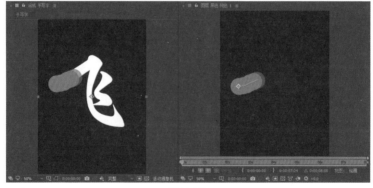

图 5-76

06 设置"画笔 1"和"画笔 2"的"结束"关键帧，调节书写的速度，也可以去掉多余的笔画，如图 5-77 所示。

07 如果绘制的笔画不能和需要的文字笔画完全配合，不必多次重复，只要再绘制一笔用于弥补即可，下面继续调整笔刷大小，绘制第三笔画形成横折勾，如图 5-78 所示。

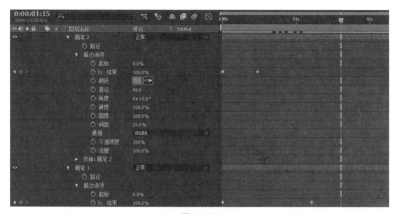

图 5-77

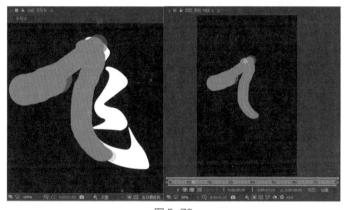

图 5-78

08 即使画得不是很准确,还可以通过调整笔画的"变换"属性来进行对齐,如图 5-79 所示。

图 5-79

09 同样也要调整第三笔画的"结束"关键帧,尽可能与第一笔画同步,调整的结果如图 5-80 所示。

图 5-80

10 因为在笔画很接近或交叉的部位必须注意绘制笔画的精确性，不过出现了多余的部分也不用重新绘制，可以使用橡皮擦工具在笔画交叉部位进行修整。

11 使用上面的方法继续调整笔刷大小，绘制第四笔画，如图 5-81 所示。

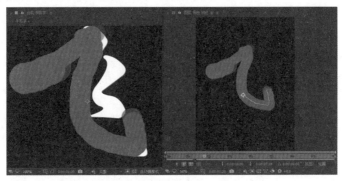

图 5-81

12 使用橡皮擦工具修整笔画末端比较细的部位，如图 5-82 所示。

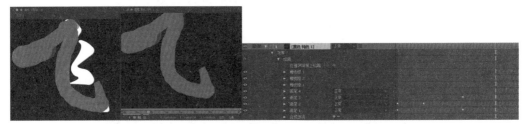

图 5-82

13 设置"画笔 4"的"结束"关键帧以及在时间线上的起点，调节书写的速度，如图 5-83 所示。

图 5-83

14 使用上面的方法参考文字绘制笔画，并调整笔画的位置、大小、角度和书写关键帧，根据需要使用橡皮擦修整笔画，如图 5-84 所示。

图 5-84

15 在时间线窗口中调整文本图层和固态层的顺序，设置固态层的轨道蒙版，查看合成预览效果，如图 5-85 所示。

图 5-85

16 拖曳当前指针查看手写动画效果，仔细检查各个笔画的起止点和拐角部位是否存在缺陷，如图 5-86 所示。

图 5-86

17 下面制作毛笔字的效果。从项目窗口中拖曳合成"手写字"到合成图标上，创建一个新的合成，从项目窗口中将"纸 .jpg"拖曳到时间线的底层。

18 选择图层"手写字"，设置混合模式为"叠加"，然后添加"色相 / 饱和度"滤镜，设置参数，如图 5-87 所示。

图 5-87

19 添加"最小 / 最大"滤镜，设置参数，如图 5-88 所示。

图 5-88

20 在时间线窗口中复制图层"手写字",选择上面的"手写字",设置混合模式为"相乘",修改滤镜参数,如图 5-89 所示。

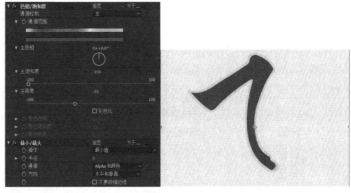

图 5-89

21 为了模仿毛笔在宣纸上的渗墨效果,创建一个调节图层,添加"画笔描边"滤镜,设置参数并查看合成预览效果,如图 5-90 所示。

图 5-90

22 选择上面的"手写字",调整"色相/饱和度"滤镜面板中"主亮度"的数值为 -40,单击播放按钮 ▶,查看手写毛笔字的动画效果,如图 5-91 所示。

图 5-91

5.5.3 MG 风格效果

技术要点:

(1) 图形修剪属性——创建图形生成动画。

(2) 描边虚线属性——创建线条分段的动画效果。

本实例的预览效果如图 5-92 所示。

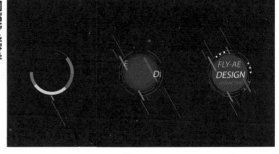

图 5-92

制作步骤：

01 新建一个合成，重命名为"红圆环"，选择预设"自定义"选项，设置"宽度"和"高度"均为 640 像素，"持续时间"为 4 秒。

02 在预览窗口底部激活显示安全框，这样方便确定绘制图形的中心点与屏幕中心点一致，如图 5-93 所示。

03 在顶部的工具栏中选择椭圆工具，绘制一个圆形路径，取消填充，设置描边颜色值为 #CE1365，宽度为 98，如图 5-94 所示。

图 5-93　　　　　　　　　　　　　　　　图 5-94

04 为了确保绘制的图形位于屏幕中心，在时间线窗口中展开形状图层的"内容"|"椭圆1"|"变换"属性栏，设置"锚点"和"位置"的数值均为 (0,0)，如图 5-95 所示。

05 新建一个合成，重命名为"红线圈"，选择预设"自定义"选项，设置"宽度"和"高度"均为 640 像素，"持续时间"为 5 秒。

06 在顶部的工具栏中选择椭圆工具，绘制一个圆形路径，取消填充，设置描边颜色值为 #CE1365，宽度为 7，如图 5-96 所示。

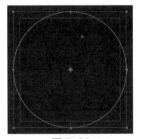

图 5-95　　　　　　　　　　　　　　　　图 5-96

07 为了确保绘制的图形位于屏幕中心，在时间线窗口中展开形状图层的"内容"|"椭圆1"|"变换"属性栏，设置"锚点"和"位置"的数值均为 (0,0)。

08 单击"内容"右侧的"添加"小按钮，添加"修剪路径"属性，然后展开"修剪路径 1"属性栏，分别在 0 秒、1 秒 14 帧、3 秒 10 帧和 4 秒 10 帧设置"结束"的关键帧，数值分别为 0、100%、100% 和 0。拖曳当前指针查看红色线圈的动画效果，如图 5-97 所示。

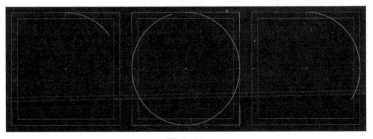

图 5-97

09 展开"内容"|"变换"属性栏，调整"比例"的数值，效果如图 5-98 所示。

10 展开"内容"|"修剪路径 1"属性栏，调整"结束"的最后一个关键帧到 4 秒，向后拖曳该图层起点为 4 帧。查看动画效果，如图 5-99 所示。

11 从项目窗口中拖曳合成"红线圈"到合成图标上，创建一个新的合成，重命名为"红圈断续"。

图 5-98

图 5-99

12 添加"百叶窗"滤镜，设置具体参数，如图 5-100 所示。

图 5-100

13 在时间线窗口中展开图层的"变换"属性，按住 Alt 键单击"旋转"前的码表图标，创建表达式：time*20，查看动画效果，如图 5-101 所示。

图 5-101

14 新建一个合成，重命名为"总合成"，选择预设"自定义"选项，设置"宽度"和"高度"分别为 640 像素和 1040 像素，"持续时间"为 4 秒。

15 从项目窗口中拖曳合成"红圆环"到时间线窗口中，设置"缩放"数值为 55%，如图 5-102 所示。

16 添加"径向擦除"滤镜,在 0 秒和 16 帧设置"过渡完成"的关键帧,数值分别为 100% 和 0。再添加"径向擦除"滤镜,选择"擦除"选项为"逆时针",分别在 10 帧和 1 秒设置"过渡完成"的关键帧,数值分别为 0 和 100%。查看动画效果,如图 5-103 所示。

图 5-102

图 5-103

17 复制图层"红圆环",重命名为"蓝圆环",添加"填充"滤镜,设置"颜色"为蓝色。

18 拖曳图层"蓝圆环"起点到 3 帧,在时间线窗口中调整滤镜"径向擦除"的"过渡完成"的第二个关键帧到 18 帧,调整滤镜"径向擦除 2"的"过渡完成"的两个关键帧分别到 8 帧和 22 帧。查看动画效果,如图 5-104 所示。

19 复制图层"蓝圆环",重命名为"黄圆环",在"填充"滤镜面板中调整"颜色"为黄色。

20 拖曳图层"黄圆环"起点到 6 帧,在时间线窗口中调整滤镜"径向擦除"的"过渡完成"的第二个关键帧到 19 帧,调整滤镜"径向擦除 2"的"过渡完成"的两个关键帧分别到 9 帧和 23 帧。查看动画效果,如图 5-105 所示。

21 选择图层"黄圆环",调整"缩放"数值为 53%,添加"投影"滤镜并设置参数,然后复制"投影"滤镜并粘贴到图层"蓝圆环",如图 5-106 所示。

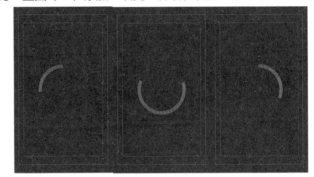

图 5-104

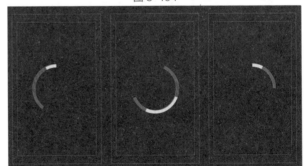

图 5-105

图 5-106

22 从项目窗口中拖曳合成"红圈断续"到时间线窗口中，设置"缩放"的数值为 54%，调整该图层的起点为 6 帧。

23 选择顶部工具栏中的钢笔工具，绘制一条直线，重命名为"动线 1"，如图 5-107 所示。

24 在时间线窗口中展开"内容"|"形状"|"描边"属性栏，添加虚线，设置参数，如图 5-108 所示。

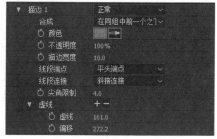

图 5-107　　　　　　　　　　　　　　　图 5-108

25 调整该图层的起点为 13 帧，展开"变换：形状 1"属性栏，分别在 13 帧和 1 秒设置"位置"的关键帧，数值分别为 (-70,398) 和 (-70,-3)。查看动画效果，如图 5-109 所示。

图 5-109

26 在顶部的工具栏中选择椭圆工具，在预览窗口中直接绘制一个圆形，填充灰色、、重命名为"动线蒙版 1"，如图 5-110 所示。

27 选择图层"动线 1"，选择轨道蒙版选项为"Alpha 遮罩'动线蒙版 1'"。

28 使用同样的方法创建多个装饰性的线条，并调整各图层的运动速度和起点不同。查看动画效果，如图 5-111 所示。

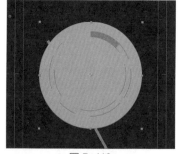

图 5-110

图 5-111

29 选择椭圆工具，创建一个圆形，填充深灰色，重命名为"百叶窗底 1"，如图 5-112 所示。

30 添加"百叶窗"滤镜，设置参数，如图 5-113 所示。

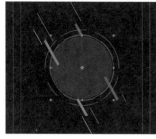

图 5-112　　　　　　　　　　　　　　　　　图 5-113

31 两次复制图层"百叶窗底 1"，重命名为"百叶窗底 2"和"百叶窗底 3"。选择图层"百叶窗底 1"和"百叶窗底 2"，在滤镜控制面板中关闭滤镜"百叶窗"。

32 选择图层"百叶窗底 2"，调整图层起点为 16 秒。在图层的起点和 1 秒 02 帧设置"缩放"的关键帧，数值分别为 20% 和 97%。

33 添加"残影"滤镜，设置参数，如图 5-114 所示。

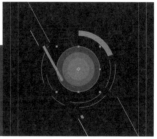

图 5-114

34 选择最底层的"百叶窗底 1"，选择轨道蒙版选项为"Alpha 遮罩'百叶窗底 2'"。查看动画效果，如图 5-115 所示。

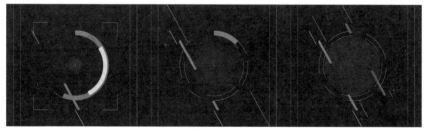

图 5-115

35 下面开始添加 Logo 中的文字动画，这里不再赘述。查看动画效果，如图 5-116 所示。

图 5-116

36 当然可以创建再多一些的装饰元素，比如小圆点阵列。在这个实例中就应用了 Trapcode 插件组中的 3D Stroke，留给读者根据教学视频或提供的工程文件自行学习。最终的效果如图 5-117 所示。

图 5-117

▨ 5.5.4 动感图形组合

技术要点：

(1) 形状图形组合——变幻多样的几何图形，创建飞溅的碎块、爆炸等效果。

(2) 修剪路径——创建形状生长动画效果。

本例动画预览效果如图 5-118 所示。

图 5-118

制作步骤：

01 新建一个合成，重命名为"爆炸"，设置"宽度"和"高度"均为 640 像素，持续时间为 2 秒。

02 选择多边形工具 ▣，直接在合成预览窗口中绘制一个多边形，设置填充颜色为橙黄色，无描边，然后在时间线窗口中展开多边形路径属性栏，调整"点"数为 18，如图 5-119 所示。

03 调整"外圆度"的数值为 340，"旋转"的数值为 -16 度，设置"外径"的关键帧，在合成的起点时数值为 32，4 帧时数值为 240，12 帧时数值为 360。拖曳当前指针查看动画效果，如图 5-120 所示。

图 5-119

04 添加"摆动路径"属性，调整"详细信息"的数值为 5，设置"大小"的关键帧，在合成的起点时数值为 100，8 帧时数值为 470，拖曳当前指针查看动画效果，如图 5-121 所示。

图 5-120

图 5-121

05 展开图层的"变换"属性，调整"缩放"数值为 (92,44)、"旋转"为 -3 度，为该图层添加"内阴影"样式，设置"距离"参数为 8，如图 5-122 所示。

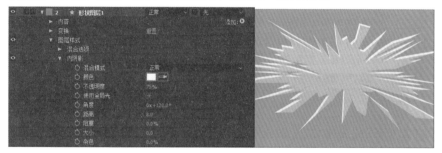

图 5-122

06 在时间线窗口中复制"形状图层 1"，重命名为"形状图层 2"，选择顶层的"形状图层 2"，删除合成起点时的"外圆度"关键帧，调整 4 帧时数值为 80，8 帧时"外圆度"的数值为 680，调整"摆动路径"属性栏中"大小"的关键帧，合成起点时关键帧移动到 4 帧，8 帧时的关键帧移到 12，数值为 570，如图 5-123 所示。

图 5-123

07 选择底层的"形状图层 1"，设置轨道混合模式为"Alpha 反转遮罩"选项，拖曳当前指针查看爆炸的动画效果，如图 5-124 所示。

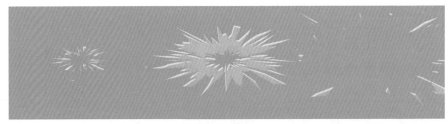

图 5-124

08 新建一个合成，重命名为"小碎块"，选择椭圆工具，绘制一个圆形，取消填充，设置描边颜色为白色，描边宽度为 30 像素，在时间线窗口中展开"描边"属性栏，添加"虚线"设置参数，如图 5-125 所示。

图 5-125

09 在 15 帧时添加"描边宽度"的关键帧，然后分别在 11 帧和 24 帧添加关键帧，数值均为 0，展开该图层的"缩放"属性栏，分别在 11 帧、15 帧和 24 帧设置缩放关键帧，数值为分别为 40%、140% 和 175%。拖曳当前指针查看小碎块的动画效果，如图 5-126 所示。

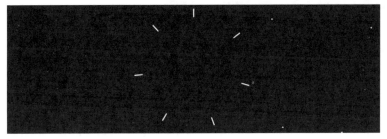

图 5-126

10 添加"中继器"，设置"副本"的数值为 3，展开"变换：中继器 1"属性栏，设置"比例"数值为 70%，"旋转"数值为 40，如图 5-127 所示。

图 5-127

11 在时间线窗口中复制"形状图层 1"，选择顶层的图层，调整图层的起点为 1 帧，调整图层"旋转"数值为 −90 度。

12 展开"虚线"属性栏，调整"虚线"和"间隙"的数值分别为 6 和 360，展开"变换：中继器 1"属性栏，调整"比例"数值为 75%、"旋转"的数值为 −50 度。拖曳当前指针查看小碎块的动画效果，如图 5-128 所示。

图 5-128

13 下面制作一组通过圆形组合形成的动效元素。新建一个合成，重命名为"几何组合"，设置宽度和高度为 640 和 1040 像素，持续时间为 2 秒。

14 选择椭圆工具，绘制一个圆形，取消填充，设置描边颜色为白色，宽度为 120，拖曳当前指针到 9 帧，添加"描边宽度"和"大小"的关键帧，数值分别为 120 和 560。

15 拖曳当前指针到合成的起点，调整"大小"的数值为 0，"描边宽度"的数值为 150，拖曳当前指针到 19 帧，调整"描边宽度"的数值为 550，拖曳当前指针查看形状图形的动画效果，如图 5-129 所示。

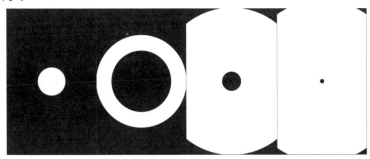

图 5-129

16 在时间线窗口中重命名形状图层为"圆 1"，复制该图层，重命名为"圆 2"，调整该图层的起点为 4 帧，分别在 6 帧、16 帧和 24 帧设置"大小"的关键帧，数值分别为 450、640 和 560；分别在 6 帧、13 帧和 24 帧设置"描边宽度"的关键帧，数值分别为 0、80 和 680。拖曳当前指针查看该图层圆环的动画效果，如图 5-130 所示。

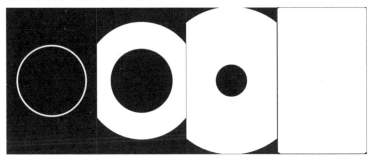

图 5-130

17 添加"修剪路径"属性，分别在 6 帧和 18 帧设置"结束"的关键帧，数值分别为 0 和 100。选择图层"圆 1"，并设置轨道蒙版模式为"Alpha 反转遮罩"选项，查看合成预览效果，如图 5-131 所示。

图 5-131

18 复制图层"圆 1"，重命名为"圆 3"，调整图层的起点为 18 帧，分别在 18 帧、22 帧和 1 秒 06 帧设置"大小"的关键帧，数值分别为 460、620 和 460，设置"描边宽度"的关键帧数值分别为 80、60 和 0。

19 复制图层"圆 3"，重命名为"圆 4"，分别在 23 帧、1 秒 06 帧和 1 秒 16 帧设置"大小"的关键帧，数值分别为 60、360 和 360，设置"描边宽度"的关键帧数值分别为 0、30 和 0。

20 添加"百叶窗"滤镜，设置参数，如图 5-132 所示。

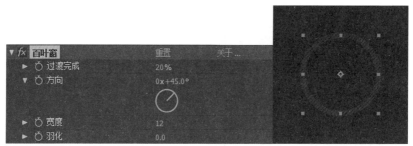

图 5-132

21 复制图层"圆 4"，重命名为"圆 5"，分别在 23 帧、1 秒 06 帧和 1 秒 16 帧设置"大小"的关键帧，数值分别为 50、200 和 55。

22 分别调整图层"圆 1""圆 3""圆 4"和"圆 5"的不透明度，数值分别为 32%、28%、20% 和 20%。单击播放按钮 ▶ 查看图形组合的动画效果，如图 5-133 所示。

图 5-133

23 从项目窗口中拖曳合成"几何组合"到合成图标上，创建一个新的合成，重命名为"动感图形组合"，拖曳合成"小碎块"到时间线窗口中，设置该图层的入点为 9 帧，拖曳合成"爆炸"

到时间线窗口中，调整该图层的起点为 11 帧，并设置该图层的"缩放"参数为 150%，如图 5-134
所示。

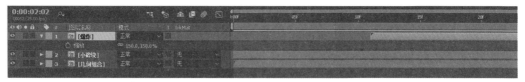

图 5-134

24 选择椭圆工具，绘制一个圆形，设置"大小"为 520，添加"虚线"属性，设置"虚线"
和"间隙"的数值分别为 4 和 36，分别在 5 帧、16 帧和 23 帧设置"描边宽度"的关键帧，数
值分别为 80、40 和 0，分别在 5 帧和 23 帧设置"缩放"的关键帧，数值分别为 0 和 100%，
拖曳当前指针查看该图层的动画效果，如图 5-135 所示。

图 5-135

25 拖曳图层"圆刻度"到时间线窗口的底层，调整该图层的起点为 5 帧，然后为图层"小
碎块"添加"毛边"滤镜，设置参数，如图 5-136 所示。

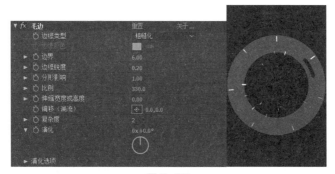

图 5-136

26 单击播放按钮▶，查看组合图形的动画效果，如图 5-137 所示。

图 5-137

5.5.5 动感 Banner

技术要点：

(1) 自动写入笔画——创建滴落效果。

(2) 关键帧动画——创建立体字的弹性效果。

本例预览效果如图 5-138 所示。

图 5-138

制作步骤：

01 打开软件 After Effects CC 2017，新
建一个合成，重命名为 Logo，设置宽度和高度分别为 640 和 1040 像素，持续时间为 6 秒。

02 选择文字工具，创建两个文本图层，输入字符"XD"和"works"，设置字符颜色和字体大小等属性，如图 5-139 所示。

图 5-139

03 从项目窗口中拖曳合成 Logo 到合成图标上，创建一个新的合成，重命名为"Logo_1"，选择图层 Logo，选择主菜单"图层"|"图层样式"|"描边"命令，然后在时间线窗口中设置"描边"属性栏中"尺寸"的数值为 8，如图 5-140 所示。

04 复制图层"Logo_1"，重命名为"Logo_2"，选择图层 Logo，在时间线窗口中设置"描边"属性栏中的"尺寸"关键帧，在合成的起点时数值为 40，合成的终点时数值为 90。

05 新建一个黑色图层，命名为"滴落"，选择画笔并设置"写入"模式，绘制一个动态笔画，如图 5-141 所示。

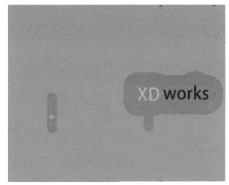

图 5-140　　　　　　　　　　　　　　　　图 5-141

06 复制图层"滴落"，重命名为"滴落 2"，调整笔画的尺寸和位置，如图 5-142 所示。

07 使用同样的方法多次复制，调整笔画的大小和位置，如图 5-143 所示。

08 在项目窗口中复制合成"Logo_2"，重命名为合成"Logo_3"，双击打开该合成，在时间线窗口中调整"描边"属性栏中"尺寸"的关键帧，在合成的起点时数值为 80，合成的终点时数值为 100。

09 调整图层"滴落"的笔画大小和位置，如图 5-144 所示。

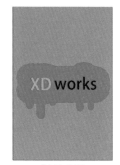

图 5-142　　　　　　　　　　　图 5-143　　　　　　　　　　　图 5-144

10 从项目窗口中拖曳合成"Logo_1"到合成图标上，创建一个新的合成，重命名为"Logo-1立体"，选择主菜单"图层"|"图层样式"|"内阴影"命令，如图 5-145 所示。

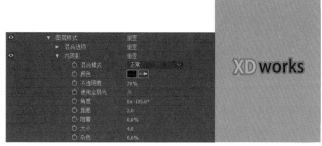

图 5-145

11 添加"填充"滤镜和"快速模糊"滤镜，设置具体参数，如图 5-146 所示。

12 从项目窗口中拖曳合成"Logo-2"到合成图标上，创建一个新的合成，重命名为"Logo-2立体"，应用"内阴影"图层样式，如图 5-147 所示。

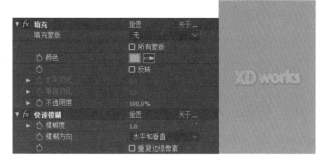

图 5-146

13 添加"填充""高斯模糊""毛边"和"快速模糊"滤镜，设置具体参数，如图 5-148 所示。

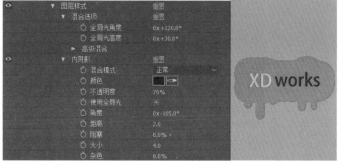

图 5-147

图 5-148

14 在项目窗口中复制合成"Logo-2 立体",重命名为"Logo-3 立体",用合成"Logo-3"替换时间线窗口中的"Logo-2",修改"填充"滤镜中的颜色为黄色,如图 5-149 所示。

15 从项目窗口中拖曳合成"Logo-1 立体"到合成图标上,创建一个新的合成,重命名为"Logo-1-3D",在时间线窗口中选择图层"Logo-1 立体",激活该图层

图 5-149

的 3D 属性，按 P 键展开"位置"属性,添加表达式: position+[0,0,2*(index+1)]。

16 选择图层"Logo-1 立体",连续 30 次按 Ctrl+D 组合键进行复制,形成一个立体的 Logo,如图 5-150 所示。

图 5-150

17 选择顶层,添加"CC 光线扫射"和"亮度和对比度"滤镜,如图 5-151 所示。

图 5-151

18 选择除底层之外的全部图层,链接为底层的子对象,设置底层"缩放"的关键帧,创建

立体字弹性变化的动画效果，如图 5-152 所示。

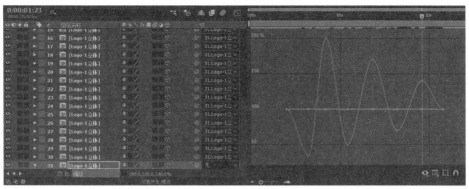

图 5-152

19 在项目窗口中复制合成"Logo-1-3D"，重命名为"Logo-2-3D"，在时间线窗口中将全部的图层"Logo-1 立体"替换成"Logo-2 立体"，如图 5-153 所示。

20 选择顶层，添加"简单阻塞工具"和"亮度和对比度"滤镜，调整具体参数，如图 5-154 所示。

21 复制顶层，选择新的顶层，调整"简单阻塞工具"滤镜参数并添加"百叶窗"滤镜，设置具体参数，如图 5-155 所示。

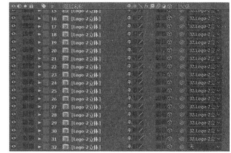

图 5-153

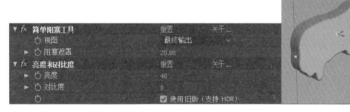

图 5-154

22 在项目窗口中复制合成"Logo-1-3D"，重命名为"Logo-3-3D"，在时间线窗口中将全部的图层"Logo-1 立体"替换成"Logo-3-立体"。

23 选择顶层，调整"亮度/对比度"滤镜参数，添加"简单阻塞工具"滤镜并调整具体参数，如图 5-156 所示。

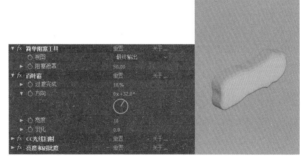

图 5-155

24 复制顶层，选择新的顶层，在效果控件面板中调整"阻塞遮罩"的参数为 38。

25 再复制顶层，选择新的顶层，在效果控件面板中调整"亮度"为 20，调整"阻塞遮罩"的参数为 78，如图 5-157 所示。

26 从项目窗口中拖曳合成"Logo-1-3D"到合成图标上，新建一个合成，重命名为"Logo-合成"，从项目窗口中拖曳合成"Logo-2-3D"和合成"Logo-3-3D"到时间线窗口中，激活这三个图层的 3D 属性■和变换塌陷■。

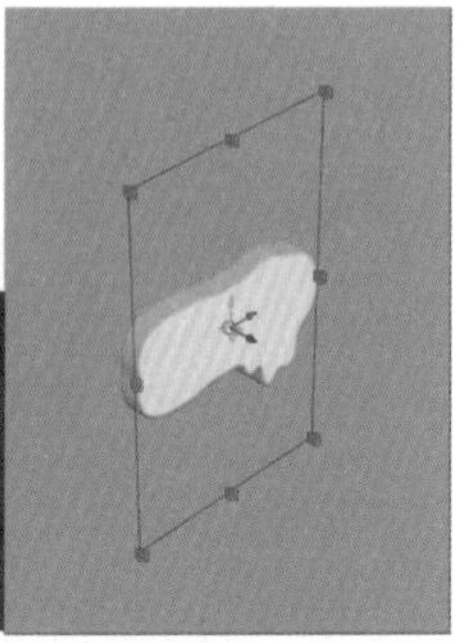

图 5-156

27 新建一个空对象，重命名为"Logo-控制"，链接图层"Logo-1-3D""Logo-2-3D"和合成"Logo-3-3D"作为子对象，调整三个图层在时间线上的起点有所不同，如图 5-158 所示。

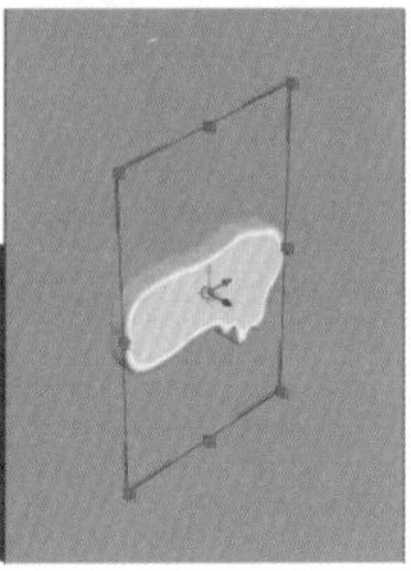

图 5-157

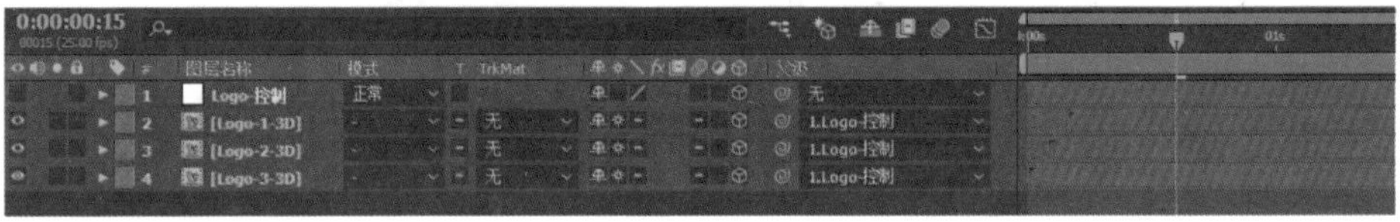

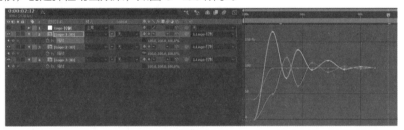

图 5-158

28 分别为图层"Logo-1-3D""Logo-2-3D"和合成"Logo-3-3D"设置"缩放"属性的关键帧，创建弹性动画效果，如图 5-159 所示。

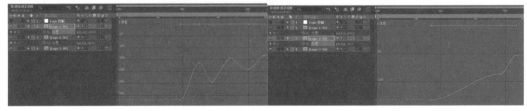

图 5-159

29 为图层"Logo-1-3D"和"Logo-2-3D"设置"位置"属性的关键帧，使三个图层由远及近，如图 5-160 所示。

图 5-160

30 选择空对象"Logo- 控制",调整"缩放"参数,并设置"旋转"属性的关键帧,如图 5-161 所示。

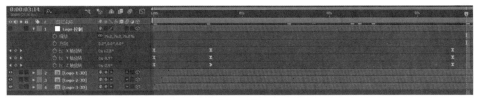

图 5-161

31 单击播放按钮▶,查看立体弹性的 Banner 动画效果,如图 5-162 所示。

图 5-162

32 从项目窗口中拖曳"Stroke.mov"到时间线窗口中,然后创建预合成,双击打开预合成,从项目窗口中拖曳"Stroke_2.mov"和"Stroke_3.mov"到时间线窗口中,为三个图层添加"内阴影"图层样式,如图 5-163 所示。

图 5-163

33 激活合成"Logo- 合成"的时间线窗口,调整图层"Stroke"的起点为 3 帧,复制预合成"Stroke",调整起点为 5 帧,激活这两个图层的 3D 属性◉,调整位置和角度,使其与立体 Logo 有很好的空间组合,如图 5-164 所示。

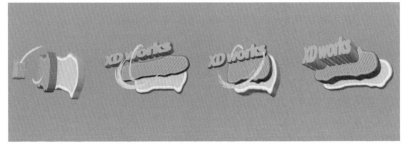

图 5-164

34 导入上一节制作完成的合成文件"动感图形组合 .aep",双击打开合成"动感图形组合"

并为图层"几何组合"添加"填充"滤镜，设置颜色为滤色，然后从项目窗口中拖曳合成"动感图形组合"添加到"Logo- 合成"时间线的底层，如图 5-165 所示。

图 5-165

35 从项目窗口中拖曳合成"Logo- 合成"到合成图标上，创建一个新的合成，重命名为"动感 Banner"，激活图层的 3D 属性和变换塌陷。

36 创建一个 135mm 的摄像机，调整摄像机视图，并在 4 秒设置"X 轴旋转"和"Z 轴旋转"的关键帧，如图 5-166 所示。

图 5-166

37 拖曳当前指针到合成的起点和 2 秒，调整"X 轴旋转"和"Z 轴旋转"的数值再添加两组关键帧，单击播放按钮查看预览效果，如图 5-167 所示。

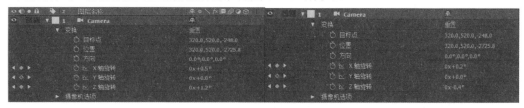

图 5-167

38 新建两个点光源，设置参数，其中一个激活投影项，如图 5-168 所示。

39 在左视图和顶视图中调整这两个灯光的位置，如图 5-169 所示。

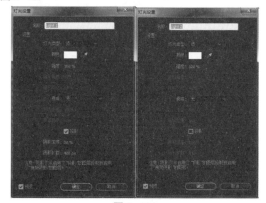

图 5-168

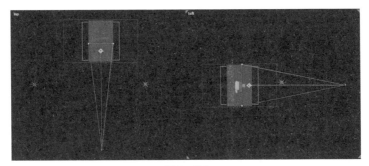

图 5-169

40 新建一个黑色图层，命名为"背景"，放置于底层，添加"梯度渐变"滤镜，如图 5-170 所示。

41 导入一个粒子素材"Particles.mov"，并放置于背景层的上一层，设置混合模式为"覆盖"。单击播放按钮▶，查看动感 Banner 的动画效果，如图 5-171 所示。

图 5-170

图 5-171

5.5.6　黑板报效果

技术要点：

(1)"勾画"滤镜——创建沿路径的笔画。

(2)"毛边"滤镜——创建黑板字的书写效果。

本例预览效果如图 5-172 所示。

制作步骤：

01 新建一个合成，命名为"logo1"，

图 5-172

设置宽度和高度均为 640 像素，持续时间为 6 秒。

02 导入图片"桃林口 logo.png"到时间线窗口中，添加"填充"滤镜，设置"颜色"为白色，调整该图层的"位置"和"缩放"参数，如图 5-173 所示。

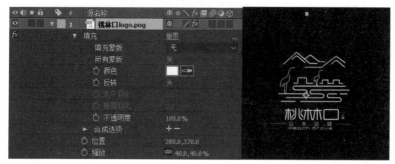

图 5-173

03 选择钢笔工具绘制蒙版，只保留两只鹤形，如图 5-174 所示。

04 在项目窗口中复制合成"logo1"，重命名为"logo2"，双击打开该合成的时间线，调整蒙版只保留左边的长城图形，如图 5-175 所示。

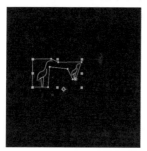

图 5-174

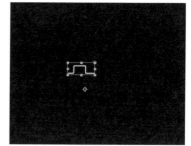

图 5-175

05 使用上面同样的方法创建多个合成，将 Logo 的组成元素分离开。从项目窗口中拖曳合成"logo1"到合成图标上创建一个新的合成，重命名为"书写 logo"。

06 选择图层"logo1"，添加"勾画"滤镜，分别展开"图像等高线""片段"和"正在渲染"选项组，设置参数，如图 5-176 所示。

图 5-176

07 分别在图层的起点和 10 帧设置"长度"的关键帧，数值分别为 0 和 1，这样就创建了图形轮廓的勾画动画，如图 5-177 所示。

08 新建一个调节图层，放置于顶层，添加"湍流置换"滤镜，设置具体参数，如图 5-178 所示。

09 再添加一次"湍流置换"滤镜，设置具体参数，如图 5-179 所示。

图 5-177

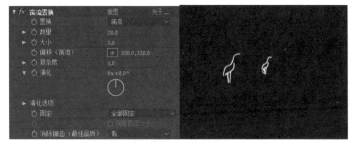

图 5-178

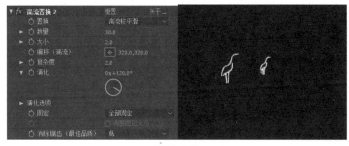

图 5-179

10　从项目窗口中分别将合成"logo2"直到"logo8"添加到时间线窗口中，然后复制图层"logo1"的"勾画"滤镜并粘贴给其他的图层。

11　为了使图形勾画连贯起来，分别将图层"logo2"直到"logo8"的起点向后错开 10 帧，如图 5-180 所示。

图 5-180

12 单击播放按钮▶，查看完整的 Logo 图形的勾画动画效果，如图 5-181 所示。

图 5-181

13 在项目窗口中复制合成"书写 logo1",重命名为"书写 logo2",双击打开该合成的时间线窗口,只保留图层"logo1"和调节图层,删除其余的图层。

14 从项目窗口中选择图片"桃林口 logo.png"替换时间线窗口中的"logo1",然后调整图层的"位置"和"缩放"参数,如图 5-182 所示。

图 5-182

15 展开效果控件面板,调整"勾画"滤镜的参数,如图 5-183 所示。

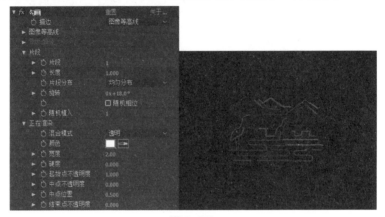

图 5-183

16 在时间线窗口中,调整"勾画"滤镜的"长度"的第二个关键帧到 2 秒位置。

17 选择调节图层,添加"CC 矢量模糊"和"高斯模糊"滤镜,调整参数,如图 5-184 所示。

图 5-184

18 单击播放按钮▶,查看 Logo 图形的书写动画效果,如图 5-185 所示。

图 5-185

19 从项目窗口中拖曳"书写 logo2"到合成图标上,创建一个新的合成,重命名为"黑板报",调整尺寸为 640×1040 像素。

20 选择图层"书写 logo2",调整"缩放"的数值为 118%,"不透明度"为 40%,选择轨道蒙版模式为"屏幕"。

21 新建一个黑色图层,命名为"背景",放置于时间线的底层,添加"梯度渐变"滤镜,设置具体参数,如图 5-186 所示。

22 导入纹理图片"Textures.jpg"到背景层的上一层,设置轨道混合模式为"屏幕",调整"不透明度"的数值为 40%,"缩放"的数值为 (130%,-130%)。

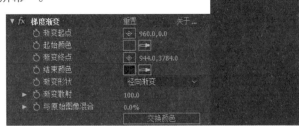

图 5-186

23 从项目窗口中拖曳合成"书写 logo"到时间线窗口中的顶层,调整该图层的起点为 20 帧。拖曳当前指针查看合成预览效果,如图 5-187 所示。

图 5-187

24 添加"毛边"滤镜,设置具体参数,如图 5-188 所示。

25 选择钢笔工具,围绕 Logo 绘制一个线框,设置描边颜色为黄色,描边宽度为 6 像素,然后重命名该图层为"线框",调整该图层的起点为 3 秒 10 帧。

26 展开"描边"属性栏,设置"不透明度"为 80%,添加"修剪路径"属性,设置"结束"的关键帧,3 秒 10 帧时数值为 0,4 秒 05 帧时数值为 100,这就

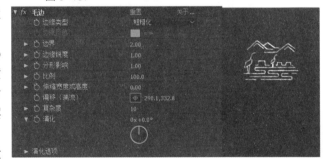

图 5-188

就创建了线框的勾画动画,如图 5-189 所示。

图 5-189

27 复制图层"书写 logo"的"毛边"滤镜并粘贴到图层"线框",调整"边界"为 2、"复杂度"为 5。

28 新建一个合成,重命名为"桃林口",设置宽度和高度为 400 和 120 像素,持续时间为 6 秒,选择文字工具创建文字图层,如图 5-190 所示。

图 5-190

29 为文字添加动画制作工具,设置"不透明度"的数值为 0,分别在合成的起点和 13 帧设置"起始"的关键帧,数值分别为 0 和 100%,创建打字的动画效果。

30 选择钢笔工具,绘制一个线条,设置描边颜色为暗红色,描边宽度为 6 像素,添加"修剪路径"属性,分别在 10 帧和 20 帧设置"结束"的关键帧,数值分别 0 和 100%,创建线条的书写动画效果,如图 5-191 所示。

图 5-191

31 调整"形状图层 1"的"不透明度"为 80%,然后从项目窗口中拖曳合成"桃林口"到时间线上,起点为 2 秒,调整图层的位置、大小和角度,复制图层"线框"的"毛边"滤镜并粘贴到图层"桃林口"。拖曳当前指针查看预览效果,如图 5-192 所示。

图 5-192

32 根据自己的兴趣还可以添加其他更多的文字和符号作为黑板报风格的装饰元素,比如品牌广告语、书、文具等图形,如图 5-193 所示。

图 5-193

33 单击播放按钮 ▶,查看桃林口文旅小镇的黑板报风格的界面效果,如图 5-194 所示。

图 5-194

5.5.7　HUD 动效单元

技术要点：

(1)"描边"滤镜——创建运动弧线。

(2) 3D Stroke 滤镜——创建环状圆点阵列。

本实例的预览效果如图 5-195 所示。

图 5-195

制作步骤：

01　新建一个合成，命名为"小箭头"，选择预设"自定义"选项，根据常用的手机 H5 页面尺寸设置"宽度"和"高度"分别为 640 像素和 1040 像素。

02　选择星形工具，直接在合成预览视图中绘制一个星星，设置填充和描边颜色均为绿色。

03　在时间线窗口中展开"内容"|"多边星形路径 1"属性栏，设置"点"和"旋转"的参数值，如图 5-196 所示。

04　在合成预览视图中调整三角形的位置居于屏幕中央，如图 5-197 所示。

图 5-196

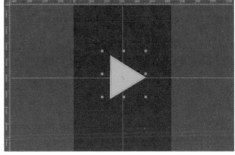

图 5-197

05　新建一个合成，选择预设"自定义"选项，设置"宽度"和"高度"分别为 640 像素和

1040 像素。新建一个纯黑色图层，命名为"绿色圆环"，选择椭圆工具，在视图的中心创建一个圆形蒙版，如图 5-198 所示。

06 添加"描边"滤镜，设置具体参数，如图 5-199 所示。

07 添加"径向擦除"滤镜，分别在合成的起点和终点设置"过渡完成"的关键帧，数值分别为 100% 和 0，拖曳当前指针查看绿色圆环的勾画效果，如图 5-200 所示。

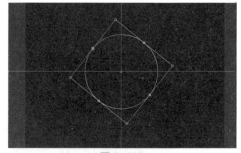

图 5-198

图 5-199

图 5-200

08 从项目窗口中拖曳合成"小箭头"到时间线窗口中，调整位置和缩放参数，如图 5-201 所示。

图 5-201

09 新建一个"空对象"，自动命名为"空 1"，放置于视图中心的位置，然后在合成的起点和终点设置"旋转"属性的关键帧，数值分别为 0 和 360 度。

10 设置图层"小箭头"为"空 1"的子对象，这样小箭头就可以跟随绿色圆环的勾画同步运动了。拖曳当前指针查看合成预览效果，如图 5-202 所示。

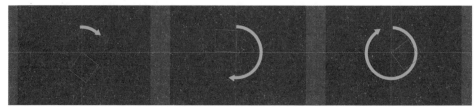

图 5-202

11　新建一个黑色图层，命名为"细线 –1"，绘制一个圆形蒙版，居中于合成视图中，如图 5-203 所示。

12　为该图层添加"描边"滤镜，设置具体参数，如图 5-204 所示。

13　在时间线窗口中调整该图层的"旋转"数值为 72 度，"缩放"数值为 98%，然后复制该图层一次，命名为"细线 –2"，设置"旋转"数值为 159 度，"缩放"数值为 81.3%，如图 5-205 所示。

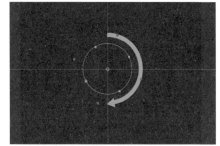

图 5-203

图 5-204

14　4 次复制图层"细线 –2"，分别调整"缩放"和"旋转"参数，如图 5-206 所示。

15　复制图层"细线 –6"，重命名为"细线圈"，调整"旋转"数值为 117 度、"缩放"的数值为(46,46%)，在效果控件面板中调整"描边"滤镜的参数，如图 5-207 所示。

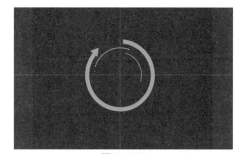

图 5-205

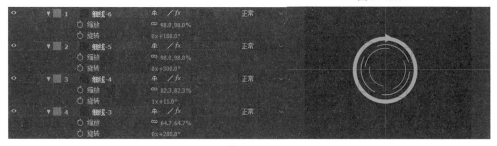

图 5-206

图 5-207

16 新建一个空对象，自动命名为"空 2"，链接图层"细线 -1""细线 -2""细线 -3""细线 -4""细线 -5""细线 -6"和"细线圈"为"空 2"的子对象，然后分别在合成的起点和终点设置"空 2""旋转"属性的关键帧，数值分别为 0 和 360 度，这样全部的细线就跟随空对象旋转了。

17 分别在合成的起点和 1 秒设置"空 2""缩放"属性的关键帧，数值分别为 20% 和 98%。单击播放按钮▶查看合成预览效果，如图 5-208 所示。

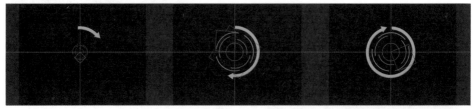

图 5-208

18 新建一个黑色图层，命名为"高亮"，链接为"空 2"的子对象，然后分别在合成起点和 15 帧设置"缩放"属性的关键帧，数值分别为 0 和 297%。

19 拖曳当前指针到合成的终点，选择图层"高亮"，绘制一个圆形蒙版，与图层"细线圈"大小相近，如图 5-209 所示。

20 为该图层添加 3D Stroke 滤镜，设置具体参数，如图 5-210 所示。

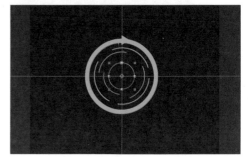

图 5-209

图 5-210

21 在时间线窗口中展开滤镜属性栏，分别在合成的起点和终点设置 Z Position 和 Y Rotation 属性的关键帧，数值分别为 -110、0 度和 10、-540 度，如图 5-211 所示。

图 5-211

22 添加"简单阻塞工具"滤镜，分别在 1 秒和 1 秒 10 帧设置"阻塞遮罩"属性的关键帧，数值分别为 0 和 −8.3，如图 5-212 所示。

图 5-212

23 选择文字工具，创建一个文本图层，输入字符"flyvfx works"，设置字符属性和调整位置，如图 5-213 所示。

图 5-213

24 设置文本图层的入点为 1 秒 05 帧，分别在 1 秒 05 帧和 1 秒 10 帧设置"缩放"关键帧，数值分别为 43% 和 100%。单击播放按钮▶，查看合成预览效果，如图 5-214 所示。

图 5-214

5.6 本章小结

本章主要讲解了创建和编辑文本的基本方法以及设置文本动画的技巧，包括动画预设的应用、绘画的基本概念和高级技巧、笔刷的设置、操作绘画时间线和高级仿制工具等，还着重讲解了形状图形的创建和属性控制，理论结合典型实例，使读者真正学会应用这些技巧，创建更加丰富的 UI 动效。

第 6 章　高级运动技巧

After Effects 作为常用的合成软件，在动画控制方面相当灵活，通过运动曲线的编辑和表达式功能的应用，不仅不用设置太多数量的关键帧，还能实现一些特殊的效果，使实现很多平时难以想象的效果制作成了可能。

6.1 运动曲线编辑器

在后期合成中，如果要准确地控制合成图像中层属性的每个关键帧之间的相互作用，精确地控制关键帧和变化速度，这就需要编辑运动曲线。

6.1.1　运动插值概述

插补就是在两个已知的数值之间填充未知的数值。在后期合成中的图层运动插值主要是在两个关键帧之间产生新的数值。例如，在一个运动路径中，可以使一个图层在第一个关键帧到第二个关键帧运动时降低速度，然后在第三个关键帧又快速跳起，在到达最终关键帧时再进行加速运动，使用这种方法可以很方便地产生复杂的运动路径。

After Effects 提供了多种插值方法，用来控制关键帧间的相互联系和变化，使图层产生多变的运动，如加速、减速或匀速等。在时间线窗口中运动图表提供了合成图像在任何时间点上的完整信息，在速度图表中提供了关键帧之间的速度变化信息或沿运动路径运动速度的变化信息，所以可以在时间线窗口中精确地调整时间属性关键帧，得到更理想的运动效果。

After Effects 提供的所有插值法均基于贝塞尔插值法，该插值法提供了方向句柄，可以精确控制从一个关键帧到另一个关键帧是如何过渡的。不同的空间插值对运动路径的影响也是有区别的，可以在一个运动路径上设置至少 3 个不同值的关键帧，在合成图像窗口中可以观察运动路径和改变插值方向，如图 6-1 所示。

下面对各个插值进行讲解和比较。

1. 线性插值

线性插值是 After Effects 的默认插值模式，对关键帧产生一致的变化率，插入的值只与下一关键帧的值有关，在动画中，线性插值的变化节奏较强而且看起来相当机械。

图 6-1

如果一个层属性的所有关键帧都应用线性时间插值，那么结果就会是从第一关键帧立即开始变化，以匀速持续到第二关键帧，在第二关键帧，变化率立即变为第二帧到第三帧共同确定的变化率，当到达最后一个关键帧时，运动立即停止。在图表中，两个线性关键帧的连接线段显示为一条直线，如图 6-2 所示。

如果对一个运动路径的全部关键帧都应用线性空间插值，那么在每个关键帧间就会产生一条直线，在每个线性关键帧上，运动路径构成一角，如图 6-3 所示。

2. 贝塞尔曲线插值

贝塞尔曲线插值能够提供最精确的插值，如果对一个图层属性的所有关键帧应用贝塞尔曲线插值，那么关键帧之间就会产生一个平滑的过渡。方向句柄的最初位置是用自动贝塞尔曲线插值的方法计算得出的，当改变贝塞尔关键帧的值时，After Effects 能够保持已经存在的方向句柄的相对位置，如图 6-4 所示。

应用贝塞尔曲线插值方法可以产生曲线或直线的任意组合的运动路径，因为两个贝塞尔方向句柄的操作是完全独立的，特别适合沿复杂形状画出运动路径，比如沿着一个 Logo 的边缘或者指定的图形路线，如图 6-5 所示。

图 6-2　　　　　　　图 6-3　　　　　　　图 6-4　　　　　　　图 6-5

3. 连续贝塞尔曲线插值

连续贝塞尔曲线插值在通过一个关键帧时能够产生一个平稳的变化率，和贝塞尔曲线相同，也可以手动调整方向句柄，不同的是连续贝塞尔插值方向句柄总是处于一条直线。

如果对层属性的所有关键帧应用连续贝塞尔曲线插值，After Effects 通过保证进入和离开变化率一致来产生关键帧的平稳过渡，当改变连续贝塞尔关键帧的数值时，现存的方向句柄的位置不会改变，如图 6-6 所示。

4. 自动贝塞尔曲线插值

自动贝塞尔曲线插值在通过关键帧时产生一个平滑的变化率，这也是 After Effects 使用的默认空间插值模式。当改变一个贝塞尔关键帧的值时，After Effects 自动改变贝塞尔方向句柄的位置以保持关键帧间的平滑过渡，对关键帧两边的曲线或运动路径线段的形状进行自动调节，如果前一个和后一个关键帧也是应用了自动贝塞尔曲线插值，那么这两个相邻的关键帧的线段形状也会发生变化，如图 6-7 所示。

如果以手动方式调节贝塞尔关键帧的方向句柄，该关键帧将转化为连续贝塞尔关键帧，如图 6-8 所示。

图 6-6

图 6-7

图 6-8

5. 定格插值

定格插值仅用于时间插值法，可以依时间改变图层属性的值，没有任何过渡，适用于时间流逝、闪光灯效果或使一个层突然显示或突然消失。

如果对图层属性的所有关键帧应用定格插值，第一个关键帧的值保持不变直到下一个关键帧，而在下一个关键帧相应的值才发生改变，在图表编辑窗口中，图形线段随着定格关键帧显示为水平的直线，如图 6-9 所示。

虽然定格插值仅对时间插值法有效，但其效果在运动路径上是可见的，运动路径上的关键帧是可见的，不过不再是由层位置点连接的线。例如，对一个色块图层的位置属性应用定格插值，结果就是该色块在第一个关键帧保持不动，直到时间标记移到第二个关键帧时，色块在第一个关键帧处消失，直接跳到第二个关键帧的位置上，如图 6-10 所示。

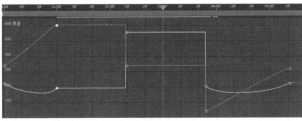

图 6-9

图 6-10

在 After Effects 中，对一个图层不同的关键帧可以设置不同的插值方法，能够产生形式多变、更丰富的动画效果。改变关键帧的插值有几种方法，可以用"关键帧插值"对话框来设置，或者直接在图表编辑器窗口或运动路径中改变。不过在改变插值类型时，在图表编辑器窗口中改变插值模式只影响图层属性的时间插值，在运动路径上改变插值模式只影响图层属性的空间插值。

6.1.2 编辑运动曲线

使用图表编辑器窗口可以查看和操作所有效果和动画，包括效果属性值、关键帧和插补等。图表编辑器通过二维曲线表示效果和运动的变化，水平轴向代表时间。在图层时间条模式下，在时间线上关键帧的位置只代表水平时间元素，不能形象地表示数值的变化。

在图表编辑器窗口中包含两种类型的曲线：编辑值图表，显示属性值；编辑速度图表，显示属性值的变化率，如图 6-11 所示。

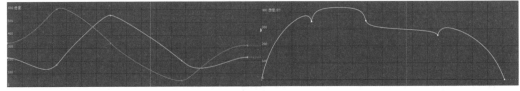

图 6-11

在图表编辑器窗口中，每一种属性都有各自代表的曲线。每一次可以查看和操作一种属性，也可以同时查看多种属性，当在曲线编辑器中同时显示多种属性时，每一个属性曲线的颜色与图层缩略图中属性值的颜色相同。

在图表编辑器窗口中选择要显示的属性，单击底部的显示属性按钮 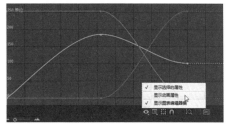，然后选择需要的选项，如图 6-12 所示。

图 6-12

在曲线编辑器中选择曲线选项，单击曲线编辑器底部的显示图表类型按钮 ，然后选择需要的选项，如图 6-13 所示。

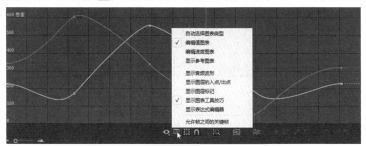

图 6-13

控制图表编辑器的窗口缩放显示包括自动适配高度、自动全部适应以及适应选择局部，这有助于调整图表编辑器窗口，以查看相关的运动位置。

在图表编辑器中可以方便地编辑属性值。数值曲线显示每一个关键帧的值和关键帧之间的插补。当一个图层属性的数值曲线为一条水平线，说明该属性值没有变化，当数值曲线向上或向下，表明图层属性的值在关键帧之间增加或减少。通过向上或向下移动数值曲线上的点（即关键帧）来改变属性值，例如，向上拖曳位置属性值曲线上的点来增加位置关键帧的值，如图 6-14 所示。

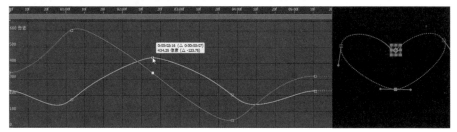

图 6-14

6.1.3　调节速率

当为图层创建了关键帧和运动路径后，可以更精确地调整图层的空间坐标和移动速度或者加速度。在 After Effects 中，可通过调整关键帧的位置或者在时间线窗口的速度图表中进行调节。速度图表提供了所有空间值（如位置、定位点、效果点等）在合成图像任何帧上的变化率的信息以及值的控制，如图 6-15 所示。

当需要调整动画空间属性（如位置、定位点、效果点或遮罩形状）时，可以在时间线窗口的速率图中改变图形高度，水平表示常速，高的值表示增加速度，也可以在合成图像或层图像窗口中的运动路径上观察和调节层的速度，如图 6-16 所示。

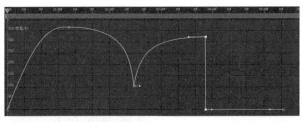

图 6-15

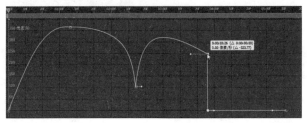

图 6-16

在合成图像或层窗口中，调节运动路径上两个关键帧之间的距离，也是可以调节速度的，如果移动一个关键帧的位置远离另一个关键帧，则增加速度；如果移动一个关键帧的位置靠近另一个关键帧，则降低速度。除此之外，最精确的方法是输入数值，即在关键帧速度窗口直接输入数值来调整速度，如图 6-17 所示。

在"关键帧速度"对话框中包括进来和输出的速度、关键帧的序号和时间等信息，以数值方式指定速度操作起来很简单，只要选择要编辑的关键帧，选择主菜单"动画"|"关键帧速度"命令就可打开"关键帧速度"对话框，重新输入进来和输出的速度，如图 6-18 所示。

图 6-17

图 6-18

下面对"关键帧速度"对话框中的参数进行简单的解释。

◆ 影响：指定对前面关键帧（对于进入插值而言）或后面关键帧（对离开插值而言）的影响程度。

◆ 连续：通过保持相等的进来和输出速度，进行平稳过渡。

改变速度还可以应用漂浮穿梭时间功能，在 After Effects 中使用漂浮穿梭时间命令，能够很容易地产生贯穿几个关键帧的平滑运动，根据前面和后面的关键帧来插值计算出速度，其速度和时间是由相邻关键帧来决定的，所以图层中的第一个和最后一个关键帧不能是漂浮穿梭时间关键帧，再有就是漂浮穿梭时间命令仅应用于图层的空间属性（如位置、定位点、效果点或遮罩形状）。

还有一种经常使用的方法，就是应用缓动、缓入和缓出关键帧助理，达到调节变化速度的效果，消除图层属性变化过程中速度的突变，自动调节进来和输出所选择关键帧的速度，比通过句柄手动调节关键帧的速度要方便很多。

应用缓动关键帧助理后，关键帧会有一个零速度，并对两边有 1/3 的影响。当改变一个属性的变动速度时，可以使在接近一个关键帧时，对象速度减慢，离开时又逐渐加速，如图 6-19 所示。

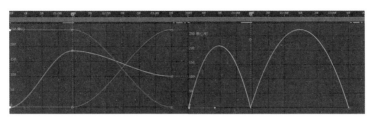

图 6-19

调整关键帧不仅可以调节图层属性的运动速度和运动的加速方式，关键帧还可以反转，使运动的顺序改变。

6.2 表达式动画控制

After Effects 提供的是基于 JavaScript 的优秀的表达式工具和函数，如果用户对 After Effects 和其表达式充满兴趣，通过不断探索就会收获成功的喜悦和满足感。但作为一个合成师没有必要花太多的时间学习语言，可以通过简单的案例创建表达式，然后再进行修改来满足自己的需要。所以，即使没有 JavaScript 经验，仍然可以创建复杂的动画，当然如果有基本的 JavaScript 语言基础，则可以为图层属性之间编写关系巧妙的表达式。

6.2.1 表达式概述

关于表达式的工作都是在时间线窗口中进行的，可以使用拾取链创建表达式，或者在表达式栏中手工输入和编辑表达式，还可以在文本编辑器中编写表达式然后复制粘贴到表达式栏中。当为一个图层属性添加表达式时，将在表达式栏中出现默认表达式，如图 6-20 所示。

图 6-20

表达式依赖于项目中图层或属性的名称，如果对表达式中使用的图层或属性名称进行了修改，After Effects 将尝试更新使用新名称的表达式，但对于比较复杂的情况，After Effects 也不一定能自动更新，就会显示错误信息，这时就必须手工更新。

时间线窗口中的表达式选项如图 6-21 所示。

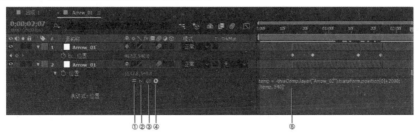

①开关 ②曲线图图标 ③拾取手柄 ④语言菜单⑤表达式区域

图 6-21

当添加了一个属性表达式后，还可以为该属性添加或编辑关键帧，创建或编辑关键帧时的值是不受表达式影响的。

6.2.2 创建表达式

创建表达式有两种方法，一种是利用拾取链进行创建，一种是手工编写。

如果不熟悉 JavaScript 或 After Effects 表达式语言，仍然可以通过拾取链使用表达式的功能。After Effects 的表达式拾取目标使表达式更容易使用和掌握。拾取链是一种可以在时间线窗口中拖动链接任何两个属性的工具，一旦将拾取链拖曳到特定属性上，表达式会自动出现在时间线窗口的表达式区域。通过查看拾取链创建的表达式可以轻松地掌握表达式的语法和格式。使用该工具，就不必创建很浪费时间的关键帧，只需将拾取链从一个图层拖曳到另一个，然后在第一个图层中设置的动画会被复制到第二个图层当中。

使用拾取链创建表达式，链接属性或特效值。例如，将品蓝色图层的"X 轴旋转"链接到黄色图层的"Z 轴旋转"属性，使两个图层的旋转属性值相同，如图 6-22 所示。

图 6-22

也可以将摄像机的"目标点"链接到某个 3D 图层的"位置"属性，使其跟随该图层在空间中运动。

下面创建一个多个色块陆续运动的动画效果，通过一个空对象的滑块的运动属性进行控制，为彩色图层创建如下表达式。

position+[0,10*(index-1)*thisComp.layer（"空 1"）.effect（"滑块控制"）（"滑块"）]

在时间线窗口中的图层情况如图 6-23 所示。

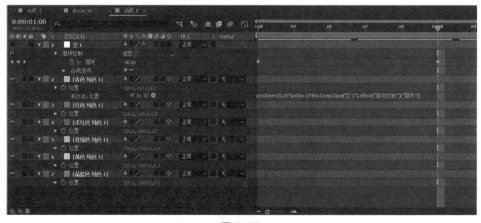

图 6-23

每个使用该表达式的图层将会以 10 像素的差别 (10*(index -1) 作为起始位置值被设置为动画，并在拖动滑块时进行应用，所以只需设置该空对象滑块的关键帧，所有彩色图层会因此陆续运动起来。拖曳时间线查看合成预览效果，如图 6-24 所示。

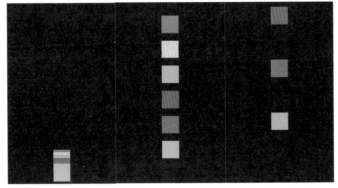

图 6-24

若要在时间线窗口中应用表达式控制器，则选择需要添加表达式控制器的图层，然后选择主菜单"效果"|"表达式控制"命令，其中包含多个表达式控制器特效。

◆ 点控制器：该控制器中包含一个特效点控制器。使用该控制器作为一系列图层中动画的主控制器。

◆ 复选框控制器：该控制器中包含一个可以单击的检验栏。可以设定该控制器在特定的距离开始或停止动画。

◆ 滑块控制器：该控制器中包含一个默认值为 0~100 的滑块。若要使用该控制器之外的值，在滑块上拖动下面的数值。若要改变滑块的范围，在滤镜控制面板中右击滑块，从弹出的快捷菜单中选择"编辑值"命令，在"滑块范围"数值框中输入新的数值，如图 6-25 所示。

◆ 角度控制器：该控制器包含 0~360 的刻度盘并可以添加旋转。可以通过拖动刻度盘或拖动下面的值调整这个角度控制器。

图 6-25

◆ 颜色控制器：该控制器包含一个颜色样本和拾取器。使用该特效可以控制一个图层或多个图层之间的渐变或点零星的颜色变化。

◆ 图层控制器：该控制器中包含一个当前活动合成中所有图层的列表。不能在该特效中添加关键帧。

除了通过链接关键帧属性创建表达式，也可以直接在时间线窗口的表达式栏中书写表达式，或者在其他文本编辑器中书写表达式，然后进行复制并粘贴到表达式栏中。

若要书写自己的表达式，掌握一些 JavaScript 语法和数学基本知识是很有必要的。一旦在创建表达式之后掌握了基本的逻辑学，就可以书写巧妙的表达式，而不必查看 JavaScript 帮助。

下面通过一个小例子讲解一下如何使用表达式语言菜单创建表达式。

在时间线窗口的表达式语言菜单中包含所有 After Effects 用于表达式的语言元素，如图 6-26 所示。

这个菜单有助于确定有效的元素和正确的语法，就如同使用一个有效元素的参考。选择任何对象、属性或方法，After Effects 将自动在光标位置插入表达式栏，然后可以根据需要进行编辑和添加。表达式语言菜单列出了论据和默认值，这样就很容易记住在编写表达式时要控制的元素。例如，在语言菜单中关于摆动的 Property(特性) 函数罗列了以下几项: wiggle(freq, amp, octaves=1, ampMult=.5, t=time)。在括号中列出了 5 项，后面三项中的 = 表示参数是随意的，如果不为它们指定数值，将使用默认值分别是 1、0.5 和当前时间。首先选择一个 3D 图层的 "Y 轴旋转" 属性，按住 Alt 键单击对应属性的码表图标直接添加表达式，然后单击表达式语言菜单图标 ，选择摆动的 Property(特性)，如图 6-27 所示。

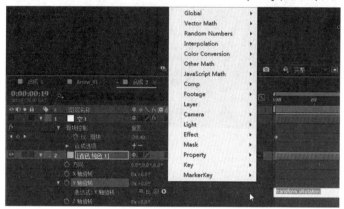

图 6-26

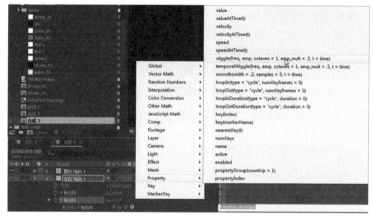

图 6-27

将 freq 和 amp 修改成 25 和 200，表达式如下。

wiggle(25, 200, octaves = 1, amp_mult = .5, t = time)

创建图层某个轴向摆动的效果，如图 6-28 所示。

图 6-28

通过调整 freq 和 amp 的数值来改变摆动的频率和幅度。

一般情况下，使用表达式语言菜单创建表达式的基本步骤如下。

01 选择一个图层属性，然后选择主菜单"动画"|"添加表达式"命令。

02 单击表达式语言菜单图标 ▶ 并选择 Global | thisComp，在表达式栏中出现相应的元素。

thisComp

03 如果要继续编写表达式，在结尾添加一个句点 (.)，单击表达式语言菜单图标，然后从 Comp 菜单中选择一个特性，例如 layer(index)，现在表达式如下。

thisComp.layer(index)

04 插入需要的指定图层信息。例如，如果要使用图层 1 的关键帧信息，改变指数为 1，如下所示。

thisComp.layer(1)

05 接下来添加一节并从 Layer、Light 或 Camera 菜单中选择一个特性或方法。例如，如果图层 1 包含要在表达式中使用的位置关键帧，从 Layer Properties 菜单中选择 position，如下所示。

thisComp.layer(1).position

当为图层属性添加表达式之后，可以继续在该属性中添加或编辑关键帧。该关键帧在创建或编辑时的值应该是没有应用表达式时的值。当存在表达式时，首先选择属性栏，选择主菜单"动画"|"添加关键帧"命令，这样就会在时间指针位置添加关键帧，也可以编辑关键帧的数值和位置，并且保持该表达式有效。

值得注意的是 After Effects 中的图层、效果和蒙版使用从 1 开始的顺序，在表达式中最好是使用图层、效果或蒙版的名称，而不是使用数字，这样在移动图层、效果或蒙版，或者在产品更新或升级参数发生变化时，可以避免混乱和错误。

▨ 6.2.3　常用表达式实例

为了帮助读者更好地理解表达式，下面提供几个常用的表达式，并提供了表达式的设置说明；当出现或修改表达式时，可以精确地添加表达式以创建独特的效果。

1. 平均两个图层之间的一个图层

该表达式进行定位并在两个图层之间的平衡距离处维持这个图层。若要达到这个效果，在合成中需要 3 个图层，如图 6-29 所示。

01 在时间线窗口中选择红色图层，创建运动路径，如图 6-30 所示。

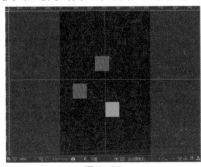 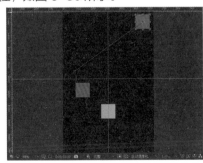

图 6-29　　　　　　　　　　　　　　　　图 6-30

02 在时间线窗口中选择蓝色图层的"位置"属性，然后添加如下表达式。

(thisComp.layer("红色 纯色 2").position+thisComp.layer("橙色 纯色 2").position)*0.5

如图 6-31 所示。

图 6-31

03 单击播放按钮 ▶，查看运动效果，如图 6-32 所示。

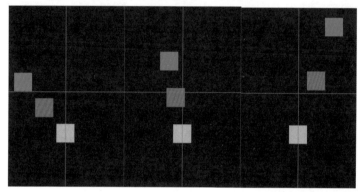

图 6-32

2. 创建图像轨迹

该表达式命令图层在相同的位置作为时间线窗口中的下一个较高图层，但是通过指定时间延迟数量（比如指定延迟 0.5 秒），可以在其他几何属性中设置类似的表达式。该表达式需要复制更多的图层。

01 首先为图层创建运动路径，如图 6-33 所示。

02 在时间线窗口中复制该图层，展开新图层的"位置"属性，删除关键帧，然后添加表达式。

图 6-33

thisComp.layer(thisLayer, +1).position.valueAtTime(time −.3)

如图 6-34 所示。

图 6-34

03 为了看起来更像运动拖尾，最好为"不透明度"属性添加如下表达式。

thisComp.layer(thisLayer,+1).opacity*0.8

04 复制 5 次新图层，所有图层遵循相同的路径和透明度比例，并且每一个比前面的推迟 0.3 秒，最终效果如图 6-35 所示。

图 6-35

3. 在两个图层之间创建透镜效果

使用表达式使一个图层的"放大"效果的"中心"参数与另一个图层的定位同步。例如，可以创建一个特效看起来好像有个放大镜在图层上移动，当镜头移动时，图层内容都在放大镜凸出的下面。该表达式使用 fromWorld 元素，可以不管是在图的上面还是下面移动放大镜，表达式都可以正确地工作。可以旋转或缩放下面图层，但是表达式保持不变。

01 在时间线窗口中包含两个图层，有图案的放在底层并添加"放大"滤镜，顶层是一个纯色图层，绘制一个圆形蒙版，大小参照放大效果的范围，然后添加"描边"滤镜，如图 6-36 所示。

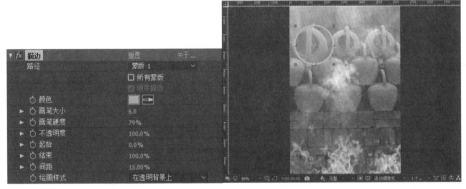

图 6-36

02 为顶层图层创建运动路径，如图 6-37 所示。

03 在时间线窗口中选择"放大"效果的"中心"属性，添加如下表达式。

```
fromWorld(thisComp.layer(" 品蓝色 纯色 ").
transform.position)
```

如图 6-38 所示。

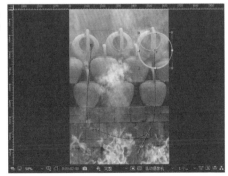

图 6-37

图 6-38

04 单击播放按钮▶进行内存预览，查看运动效果，如图 6-39 所示。

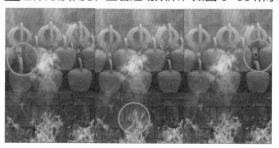

图 6-39

也可以在该表达式中使用其他特效，如波纹等。

4. 沿圆形轨迹移动图层

可以为其他图层的属性创建一个表达式。例如，可以使一个图层在圆形中旋转，或者在对角方向向后和向前移动。

01 以一个图层开始，如图 6-40 所示。

02 在时间线窗口中选择该图层的"位置"属性，然后添加以下表达式。

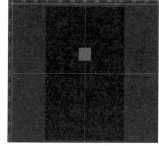

图 6-40

```
[(thisComp.width/2), (thisComp.height/2)] + [Math.sin(time)*150, –Math.cos(time)*150]
```

03 单击播放按钮▶，查看运动效果，如图 6-41 所示。

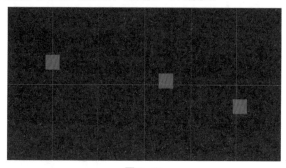

图 6-41

04 为了加快方块旋转的速度，也可以加大旋转半径，对标的是进行修改如下。

```
[(thisComp.width/2), (thisComp.height/2)] + [Math.sin(3*time)*300, –Math.cos(3*time)*300]
```

05 单击播放按钮▶，查看运动效果，如图 6-42 所示。

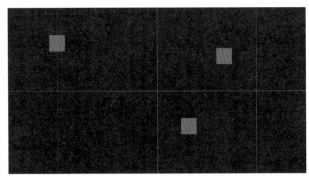

图 6-42

除了根据自己的需要编辑表达式中的常量或函数指数外，若要重新使用一个表达式，可以复制该表达式并粘贴到其他表达式区域。

6.3 音频的视觉化特效

在 After Effects 中应用音频文件的波形或频谱可以创建视频效果，也可以应用音量属性控制运动属性。

01 首先导入一个音频文件，在时间线窗口中展开音频属性，查看音频波形，如图6-43 所示。

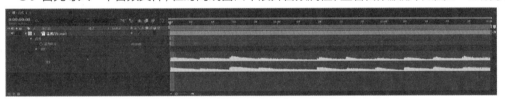

图 6-43

02 再创建一个纯色图层，添加"音频频谱"滤镜，选择"音频层"为音频文件，在预览视图中可以看到频谱图形，如图 6-44 所示。

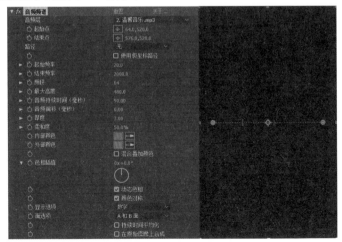

图 6-44

03 调整"起始点""结束点""最大高度"和"厚度"等参数，如图 6-45 所示。

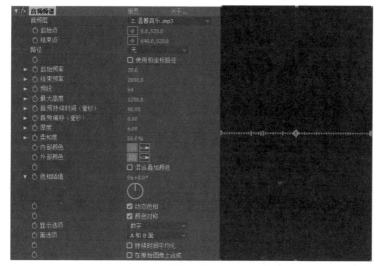

图 6-45

04 在时间线窗口中勾选该图层的非防锯齿项，如图 6-46 所示。

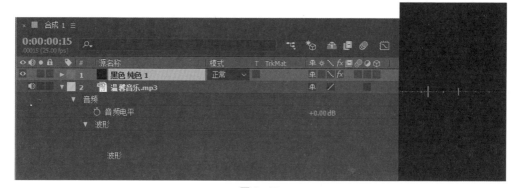

图 6-46

05 也可以设定自己喜欢的颜色风格，比如调整"内部颜色"和"外部颜色"为绿色，单击播放按钮▶，查看随音乐变幻的动画效果，如图 6-47 所示。

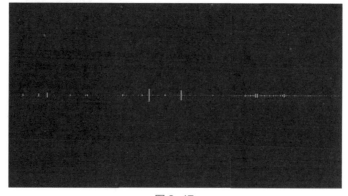

图 6-47

06 继续添加"极坐标"滤镜，将水平分布的频谱线变成圆形，如图 6-48 所示。

07 再次调整一下"音频频谱"滤镜的"最大高度""厚度"和"显示选项"，如图 6-49 所示。

08 接下来再看看如何应用音频属性来控制运动或滤镜参数，这就要使用表达式了。在上面合成的基础上继续添加一个心形图层，如图 6-50 所示。

图 6-48

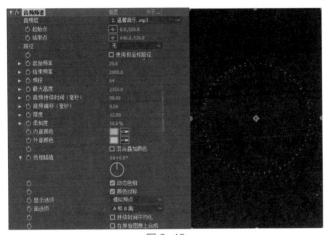

图 6-49

图 6-50

09 在时间线窗口中选择音频层，选择主菜单"动画"|"关键帧辅助"|"将音频转换为关键帧"命令，会自动创建一个"音频振幅"层，然后在时间线窗口中展开"滑块"属性，其中包含与音频相关的关键帧，如图 6-51 所示。

图 6-51

10 在时间线窗口中选择心形的"形状图层 1"，展开"缩放"属性，按住 Alt 键单击"缩放"前面的码表图标添加默认表达式，然后链接到"音频振幅"层的"滑块"属性，如图 6-52 所示。

图 6-52

11 当释放鼠标按键时就会创建新的表达式。

temp = thisComp.layer(" 音频振幅 ").effect("两个通道 ")(" 滑块 ");

[temp, temp]

12 拖曳当前指针查看心形图层随音频的缩放动画，幅度太小了，需要调整表达式。

temp = thisComp.layer(" 音频振幅 ").effect("两个通道 ")(" 滑块 ")*15;

[temp, temp]

13 单击播放按钮，查看音频振幅和心形跟随音频的动画效果，如图 6-53 所示。

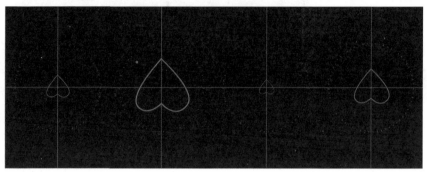

图 6-53

6.4 课堂练习

6.4.1 Logo 演绎

技术要点：

(1)运动曲线——丰富运动控制的方式。

(2) 父子对象——通过父对象控制多个子对象的运动。

本实例的预览效果如图 6-54 所示。

制作步骤：

01 新建一个合成,重命名为"Logo",选择预设"自定义"选项,设置"宽度"和"高度"均为 600 像素, "持续时间"为 5 秒。

02 选择文字工具，输入字符并设置字符的属性，如图 6-55 所示。

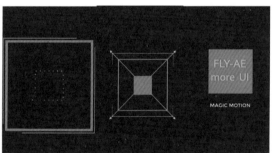

图 6-54

03 从项目窗口中拖曳合成"Logo"到合成图标上，创建一个新的合成，重命名为"Logo 动画"。选择图层"Logo"，绘制矩形蒙版，如图 6-56 所示。

图 6-55

04 展开该图层的"位置"属性，拖曳当前指针到1秒，设置"位置"的关键帧，拖曳当前指针到图层的起点，直接在预览窗口中调整该图层的位置，创建图层的动画，如图 6-57 所示。

图 6-56　　　　　　　　　　　　　　　　　图 6-57

05　分别在图层的起点和1秒设置"缩放"的关键帧，数值分别为0和100%，查看动画效果，如图 6-58 所示。

图 6-58

06　复制 3 次图层"Logo"，重命名为"Logo 2""Logo 3"和"Logo 4"，调整矩形蒙版的位置以及图层的运动路径，如图 6-59 所示。

图 6-59

07　新建一个空对象，链接图层"Logo""Logo 2""Logo 3"和"Logo 4"作为空对象的子对象，然后设置空对象的"缩放"关键帧，2 帧时数值为 0，1 秒 10 帧时数值为 100%。

08　调整图层"Logo""Logo 2""Logo 3"和"Logo 4"的起点，使它们的动画节奏有所变化，如图 6-60 所示。

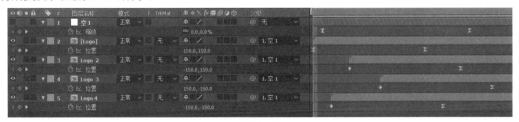

图 6-60

09　拖曳当前指针，查看文字 Logo 的动画效果，如图 6-61 所示。

图 6-61

10 下面制作箭头的动效。首先新建一个合成，命名为"箭头"，在顶部的工具栏中选择钢笔工具，在预览窗口中绘制一个三角形，然后调整锚点到小三角的前端，如图 6-62 所示。

11 拖曳当前指针到合成的起点，调整小三角到屏幕的中央位置，并设置关键帧，拖动当前指针到 1 秒 02 帧，调整小三角的位置，创建第二个关键帧，选择这两个关键帧，选择插值为"缓动"，如图 6-63 所示。

图 6-62

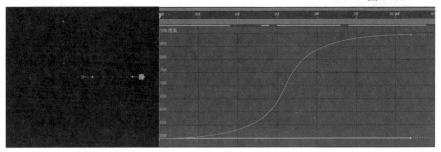

图 6-63

12 分别在合成的起点、5 帧、1 秒 02 帧和 1 秒 10 帧设置"缩放"的关键帧，数值分别为 0、100%、100% 和 0。

13 选择钢笔工具，绘制一条直线，从小三角运动的起点到终点，如图 6-64 所示。

14 跟随小箭头的运动，在时间线窗口中展开"内容"属性栏，单击"添加"右侧的小三角按钮添加"修剪路径"属性，分别在合成的起点和 1 秒 02 帧设置"结束"的关键帧，数值分别为 0 和 100%，分别在 17 帧和 1 秒 10 帧设置"开始"的关键帧，数值分别为 0 和 100%，查看箭头的动画效果，如图 6-65 所示。

图 6-64

图 6-65

15 从项目窗口中拖曳合成"箭头"到合成图标上，创建一个新的合成，重命名为"箭头组"，然后 3 次复制图层"箭头"，分别调整"旋转"数值，如图 6-66 所示。

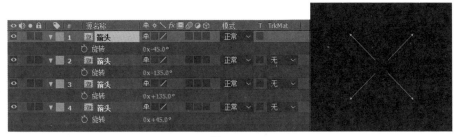

图 6-66

16 新建一个合成，命名为"最终合成"，选择预设"自定义"选项，设置"宽度"和"高度"分别为 600 像素和 1040 像素，"持续时间"为 5 秒。

17 选择矩形工具，创建一个红色正方形，重命名该图层为"红色图形"，分别在图层的起点和 1 秒 11 帧设置"缩放"的关键帧，数值分别为 0 和 100%，选择这两个关键帧改变插值方式为缓动，如图 6-67 所示。

18 复制图层"红色图形"，重命名上面的图层为"红色图形蒙版"，调整该图层的起点为 9 帧。选择图层"红色图形"，选择轨道蒙版项为"Alpha 反转遮罩"。查看动画效果，如图 6-68 所示。

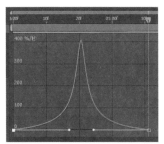

图 6-67

19 选择矩形工具，绘制一个正方形，取消填充，设置描边颜色为灰色，描边宽度为 3 像素，重命名该图层为"线条 1"，如图 6-69 所示。

图 6-68

图 6-69

20 添加"修剪路径"属性，分别在 21 帧和 1 秒 14 帧设置"结束"的关键帧，数值分别为 0 和 50%，分别在 1 秒和 2 秒设置"开始"的关键帧，数值分别为 0 和 50%，查看动画效果，如图 6-70 所示。

图 6-70

21 复制图层"线条 1",重命名为"线条 2",设置"旋转"数值为 180°,查看动画效果,如图 6-71 所示。

22 复制图层"线条 1",重命名为"线条 3",调整该图层的起点为 25 帧,设置图层的"缩放"数值为 70%,展开"修剪路径"属性,拖曳当前指针到"结束"的第一个关键帧处,设置"偏移"的关键帧,数值为 0,拖曳到"开始"的最后一个关键帧处,调整"偏移"的数值为 110,创建第二个关键帧。

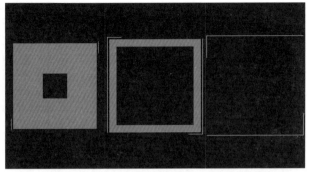

图 6-71

23 复制图层"线条 2",重命名为"线条 4",调整该图层的起点为 25 帧,设置图层的"缩放"数值为 70%,展开"修剪路径"属性,拖曳当前指针到"结束"的第一个关键帧处,设置"偏移"的关键帧,数值为 0,拖曳到"开始"的最后一个关键帧处,调整"偏移"的数值为 110,创建第二个关键帧。查看动画效果,如图 6-72 所示。

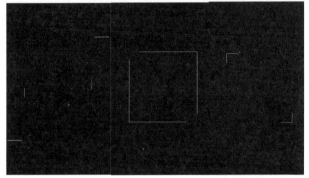

图 6-72

24 选择矩形工具,绘制一个正方形,取消填充,设置描边颜色为 #BEFDFF,描边宽度为 5,重命名该图层为"虚线",调整该图层的起点到 1 秒,在时间线窗口中展开"内容"|"矩形 1"|"描边 1"属性栏,添加"虚线"属性,设置参数,如图 6-73 所示。

25 展开"内容"|"矩形 1"|"矩形路径 1"属性栏,分别在图层的起点和 2 秒设置"大小"的关键帧,数值分别为 0 和 360,分别在 1 秒 17 帧和 1 秒 26 帧设置"描边宽度"的关键帧,数值分别为 5 和 0。查看动画效果,如图 6-74 所示。

图 6-73

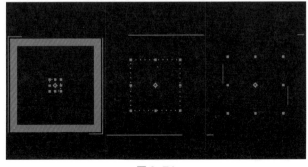

图 6-74

26 复制图层"虚线",重命名为"红方框",调整图层的起点到1秒10帧,调整描边颜色为红色,取消"虚线"属性,调整"描边宽度"的第一个关键帧数值为9,调整"矩形路径"属性栏中"大小"的第二个关键帧数值为380。查看动画效果,如图6-75所示。

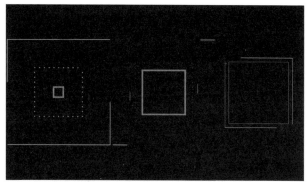

图 6-75

27 从项目窗口中拖曳合成"箭头组"到时间线上,再拖曳合成"Logo动画"到时间线上,起点在1秒09帧,复制图层"Logo动画",重命名为"Logo动画2",调整该图层的起点为1秒11帧。查看动画效果,如图6-76所示。

28 选择图层"Logo动画"和"Logo动画2",分别在2秒15帧和2秒28帧设置"不透明度"的关键帧,数值分别为100和0。

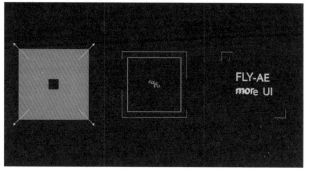

图 6-76

29 复制图层"Logo动画2",重命名为图层"Logo动画3",调整该图层的起点到1秒12帧,删除"不透明度"的关键帧,添加"投影"滤镜,设置参数,如图6-77所示。

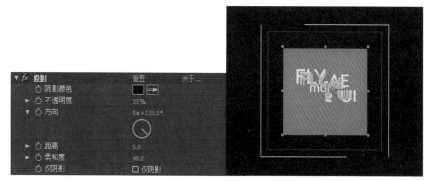

图 6-77

30 选择矩形工具,绘制一个红色方块,重命名该图层为"红方块",放置于图层"Logo动画"的下一层,调整该图层的起点到1秒14帧,然后在图层的起点和2秒15帧设置"缩放"的关键帧,数值分别为0和65%,设置这两个关键帧的插值为"缓动",如图6-78所示。

31 新建一个空对象,选择图层"Logo动画""Logo动画2""Logo动画3"和"红方块"作为"空2"的子对象,分别在2秒23帧和3秒26帧设置空对象的位置关键帧,数值分别为(320,520)和(320,524),调整两个关键帧的速度曲线,如图6-79所示。

32 选择文字工具,输入字符"MAGIC MOTION",调整图层起点到3秒,应用动画预设"打字机",如图6-80所示。

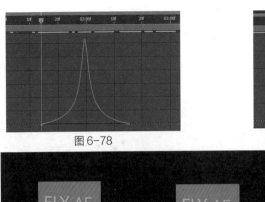

图 6-78

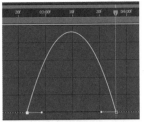

图 6-79

图 6-80

33 至此整个 Logo 开篇动画制作完成，单击播放按钮 ▶️，查看动画效果，如图 6-81 所示。

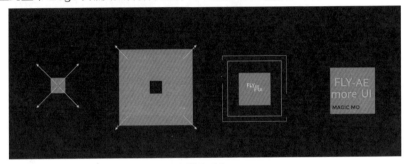

图 6-81

▌6.4.2 花饰加载动效

技术要点：

(1) 表达式控制——创建沿圆周运动线条。

(2) 运动曲线——控制圆环运动速度。

本实例的最终效果如图 6-82 所示。

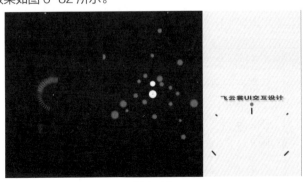

图 6-82

制作步骤：

01 运行 After Effects CC 2017，新建一个项目并命名为"花饰加载页"，新建一个合成，选择预设"自定义"选项，根据常用的手机 H5 页面尺寸设置"宽度"和"高度"分别为 640 像素和 1040 像素，如图 6-83 所示。

02 新建一个"空对象"，自动命名为"空 1"，选择钢笔工具，直接在预览视图中绘制一小段线段，调整描边颜色为白色，宽度为 4 像素，如图 6-84 所示。

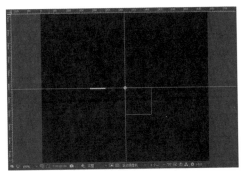

图 6-83　　　　　　　　　　　　　　　图 6-84

03 在时间线窗口中选择图层"形状图层 1"，展开"内容"属性栏，单击"添加"右侧的按钮，添加"修剪路径"属性，如图 6-85 所示。

04 拖曳当前指针到 5 帧，展开"修剪路径 1"属性栏，添加"开始"和"结束"

图 6-85

的关键帧，数值分别为 0 和 100%，然后在合成的起点创建"结束"的关键帧，数值为 40，在 2 秒创建"开始"的关键帧，数值为 60%，如图 6-86 所示。

图 6-86

05 拖曳当前指针查看白色线段长短变化的动画效果，如图 6-87 所示。

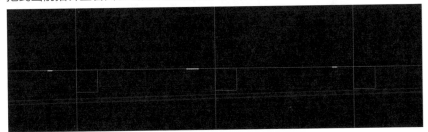

图 6-87

06 在时间线窗口中选择图层"空1"，选择主菜单"效果"|"表达式控制"|"滑块控制"命令，添加一个"滑块控制"滤镜，分别在5帧和20帧创建"滑块"属性的关键帧，数值分别为0和-30。

07 在时间线窗口中链接图层"形状图层1"为图层"空1"的子对象，如图6-88所示。

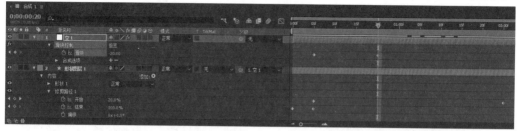

图 6-88

08 选择图层"空1"，展开"变换"属性栏，分别在20帧和2秒添加"旋转"的关键帧，数值分别为0和-50，在1秒15帧和2秒添加"缩放"的关键帧，数值分别为100%和0。拖曳当前指针查看白色线段的动画效果，如图6-89所示。

图 6-89

09 在时间线窗口中选择图层"形状图层1"，按R键展开"旋转"属性栏，按住Alt键单击"旋转"名称左侧的码表图标，添加表达式：index*thisComp.layer（"空1"）.effect（"滑块控制"）（"滑块"）。

10 展开"内容"|"形状1"|"变换：形状1"属性栏，调整锚点为（70.0,0），调整"比例"为（70.0,70.0%）。

11 按Ctrl+D组合键重复"形状图层1"一次，自动命名为"形状图层2"，展开该图层的"内容"|"形状1"|"变换：形状1"属性栏，按住Alt键单击"比例"名称左侧的码表图标添加表达式，单击"表达式关联器"图标，然后将皮筋线链接到"形状图层1"的相同属性名称上，当释放鼠标按键后创建了表达式：thisComp.layer（"形状图层1"）.content（"形状1"）.transform.scale，如图6-90所示。

图 6-90

12 使用同样的方法为"形状图层2"的"内容"|"形状1"|"变换：形状1"|"锚点"属

性创建表达式：thisComp.layer（"形状图层 1"）.content（"形状 1"）.transform.anchorPoint。

13 选择图层"形状图层 2"，按 Ctrl+D 组合键重复"形状图层 2"10 次，自动命名为"形状图层 3"至"形状图层 12"，如图 6-91 所示。

图 6-91

14 关闭"空 1"的可视性，拖曳当前指针，查看白色线段跟随旋转的动画效果，如图 6-92 所示。

图 6-92

15 按住 Ctrl 键在时间线窗口中选择图层"空 1""形状图层 1"和"形状图层 2"，按 Ctrl+C 组合键进行复制，取消任何图层的选择，按 Ctrl+V 组合键进行粘贴，新的图层自动命名为"形状图层 13"和"形状图层 14"，重命名新的空对象为"空 2"，如图 6-93 所示。

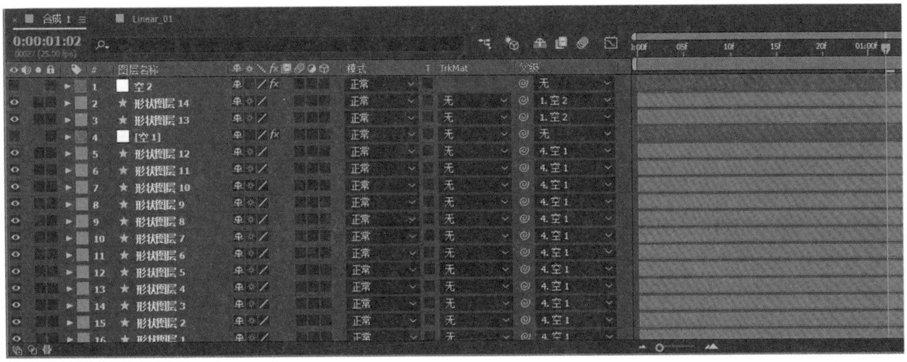

图 6-93

16 在时间线窗口中选择图层"形状图层 13"和"形状图层 14"，修改描边颜色为红色，如图 6-94 所示。

17 选择图层"形状图层 14"，展开该图层的"内容"|"形状 1"|"变换：形状 1"属性栏，将"锚点"和"比例"表达式中的"形状图层 1"修改为"形状图层 13"，然后复制"形状图层 14"10 次，如图 6-95 所示。

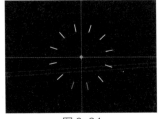

图 6-94

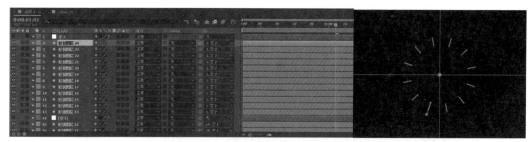

图 6-95

18 选择图层"空 2"，拖曳当前指针到 20 帧，单击"旋转"属性名称就选择了该属性的两个关键帧，拖曳调整"旋转"的数值为 −15，拖曳当前指针，查看白色线段跟随旋转的动画效果，如图 6-96 所示。

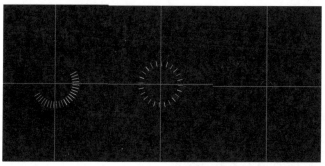

图 6-96

19 拖曳当前指针到 1 秒 15 帧，调整"空 1"和"空 2"的"缩放"属性第一个关键帧，数值分别为 70% 和 75%，如图 6-97 所示。

20 为了对齐沿圆周分布的红色线和白色线的内沿，需要调整"形状图层 1"的"内容"|"形状 1"|"变换：形状 1"属性栏中的"锚点"和"比例"数值，因为前面已经对"形状图层 2"至"形状图层 12"的这两个属性添加了表达式，而且是与"形状图层 1"的相对应属性进行了链

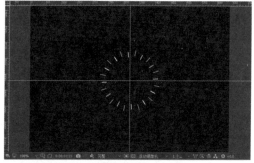

图 6-97

接，所以只要调整"形状图层 1"的相关属性，其他图层也会发生变化，如图 6-98 所示。

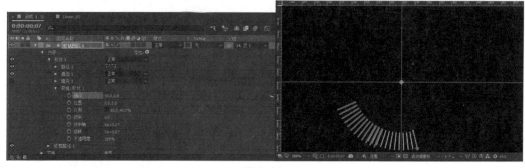

图 6-98

21 拖曳当前指针，查看红色和白色线段跟随旋转的动画效果，如图 6-99 所示。

图 6-99

22 在时间线窗口中选择"空 2""形状图层 14"和"形状图层 13"进行复制并进行粘贴，自动命名为"空 3""形状图层 26"和"形状图层 25"，如图 6-100 所示。

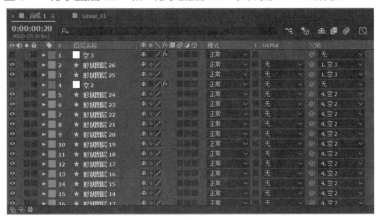

图 6-100

23 展开"形状图层 26"的"内容"|"形状 1"|"变换：形状 1"属性栏，将"锚点"和"比例"属性的表达式中的"形状图层 13"修改为"形状图层 25"。

24 选择"空 3"，拖曳当前指针到 20 帧，调整"滑块"的第二个关键帧的数值为 −20，拖曳"旋转"属性的第一个关键帧到 15 帧，选择"缩放"属性的两个关键帧并向后移动 5 帧。

25 展开"形状图层 25"的"内容"|"形状 1"|"变换：形状 1"属性栏，调整"锚点""比例"和"不透明度"属性的数值，如图 6-101 所示。

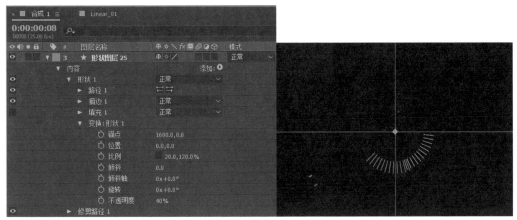

图 6-101

26 展开"形状图层 26"的"内容"|"形状 1"|"变换：形状 1"属性栏，修改"不透明度"属性的数值为 40%，然后按 Ctrl+D 组合键重复复制 16 次该图层，如图 6-102 所示。

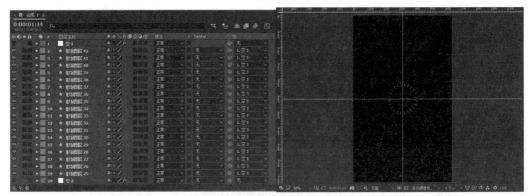

图 6-102

27 新建一个调节图层，添加 Starglow 滤镜，设置参数，如图 6-103 所示。

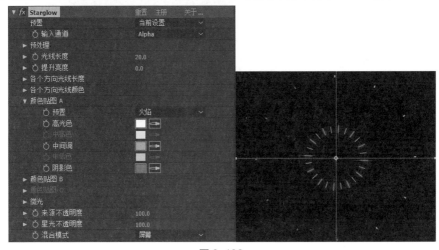

图 6-103

28 新建一个白色图层，重命名为"圆形 01"，添加"圆形"滤镜，选择"边缘"选项为"厚度和羽化 * 半径"，然后在 1 秒 24 帧设置"半径"和"厚度"的关键帧，数值分别为 2 和 200，在 2 秒 09 帧调整"半径"和"厚度"的数值分别为 80 和 0，拖曳当前指针查看圆形的动画效果，如图 6-104 所示。

图 6-104

29 新建一个白色图层，重命名为"圆形 02"，调整该图层的起点为 1 秒 24 帧，添加"圆形"滤镜，设置"半径"的数值为 18，分别在 1 秒 24 帧、2 秒 09 帧、2 秒 13 帧、2 秒 19 帧和 2 秒 24 帧设置"中心"关键帧，数值分别为 (320,520)、(320,262)、(320,254)、(320,400)

和 (320,1050)。单击图表编辑器图标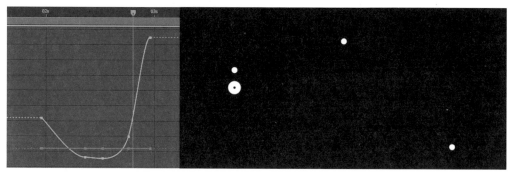查看运动曲线,拖曳当前指针查看小圆点的动画效果,如图 6-105 所示。

图 6-105

30 新建一个黑色图层,重命名为"粒子",调整该图层的起点为 1 秒 20 帧,添加 Particular 滤镜,展开"发射器"和"粒子"选项组,设置参数,如图 6-106 所示。

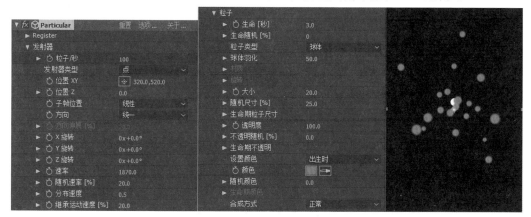

图 6-106

31 拖曳当前指针到 1 秒 24 帧,设置"粒子 / 秒"的关键帧,在下一帧调整"粒子 / 秒"的数值为 0,停止粒子发射。拖曳当前指针查看粒子的动画效果,如图 6-107 所示。

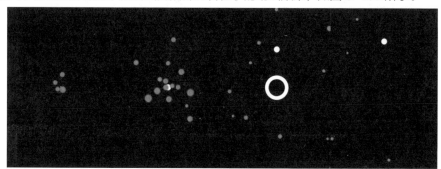

图 6-107

32 新建一个白色图层,重命名为"水面",调整该图层的起点为 2 秒 24 帧,添加"CC 钳齿"滤镜,选择"形状"选项为"波纹",然后在图层的起点设置"完成""高度"和"宽度"的关键帧,数值分别为 100%、5% 和 8,在 3 秒 06 帧再添加一组关键帧,数值分别为 0、2% 和 20。拖曳当前指针查看模拟水面上涨的动画效果,如图 6-108 所示。

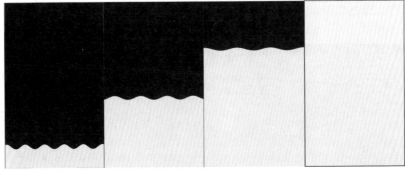

图 6-108

33 新建一个黑色图层，重命名为"水花1"，然后进行预合成，
重命名为"水花"，双击打开预合成，选择钢笔工具为黑色图层绘
制3条路径，如图6-109所示。

34 添加"描边"滤镜，设置"颜色"为粉红色，"画笔大小"
为13，分别在合成的起点和15帧设置"结束"的关键帧，数值分
别为0和100%，分别在2帧和16帧设置"起始"的关键帧，数
值分别为0和100%，拖曳当前指针查看小水花的动画效果，如
图6-110所示。

图 6-109

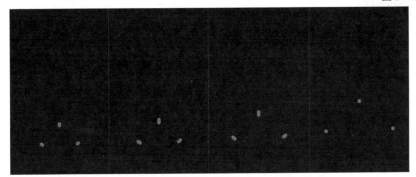

图 6-110

35 使用上面的方法再添加两个图层模拟溅起的水花，如图6-111所示。

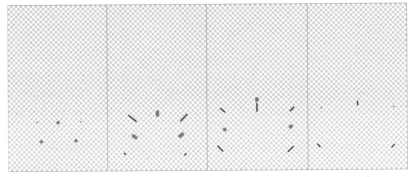

图 6-111

36 激活"合成1"的时间线窗口，调整图层"水花"的起点为3秒。

37　选择文字工具，创建一个文字图层，设置字符的属性和位置，如图 6-112 所示。

38　调整文字图层的起点为 3 秒 14 帧，分别在图层的起点、3 秒 16 帧和 3 秒 19 帧设置"缩放"的关键帧，数值分别为 (100,0)、(123,0) 和 (100,100)。

39　为文字图层添加"径向阴影"滤镜，设置参数，如图 6-113 所示。

图 6-112　　　　　　　　　　　　　　　　　　图 6-113

40　添加"线性擦除"滤镜，设置"擦除角度"为 -90°，分别在 4 秒 04 帧和 4 秒 13 帧设置"过渡完成"的关键帧，数值分别为 0 和 100%。

41　复制文字图层，添加"填充"滤镜，在效果控件面板中设置颜色为粉红色，修改"线性擦除"滤镜中"擦除角度"为 90°，在时间线窗口中调换"过渡完成"的两个关键帧。拖曳当前指针查看文字的动画效果，如图 6-114 所示。

图 6-114

42　在合成预览窗口的中心新建一个粉红色的小方块，调整该图层的起点为 3 秒 20 帧，然后调整"锚点""位置"和"缩放"参数，并在 3 秒 20 帧设置"缩放"的关键帧。

43　拖曳当前指针到 3 秒 24 帧，调整"缩放"的数值为 (134,100)；拖曳当前指针到 4 秒 02 帧，调整"缩放"的数值为 (100,100)；添加"位置"的关键帧，继续拖曳当前指针到 4 秒 15 帧，调整"位置"的数值为 (665,540)。拖曳当前指针查看小方块的动画效果，如图 6-115 所示。

图 6-115

44 单击播放按钮 ▶，查看完整的动画效果，如图 6-116 所示。

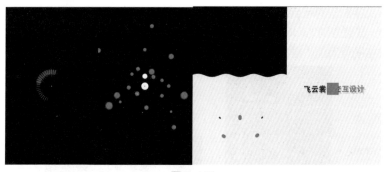

图 6-116

6.4.3 几何图形变幻

技术要点:

(1)"光束"滤镜——创建直线线段。

(2) 表达式控制——空对象控制线段顶点运动。

本实例的最终效果如图 6-117 所示。

图 6-117

制作步骤:

01 新建一个合成,自动命名为"合成 1",选择预设"自定义"选项,根据常用的手机 H5 页面尺寸设置"宽度"和"高度"分别为 640 像素和 1040 像素。

02 新建 6 个空对象,分别命名为"Target-空 1""Target-空 2""Target-空 3""Target-空 4""Target-空 5"和"Target-空 6",在时间线窗口中单击空对象前面的色块,选择不同的颜色便于区分,然后在合成视图中调整位置,如图 6-118 所示。

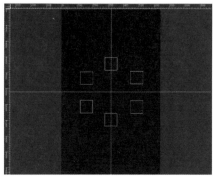

图 6-118

03 新建一个调节图层,放置于顶层,链接所有的空对象作为调节图层的子对象,如图 6-119 所示。

图 6-119

04 新建一个纯色图层，重命名为"边 1"，添加"光束"滤镜，再添加两次"图层控制"滤镜，分别重命名为"起点控制"和"终点控制"，并设置参数，如图 6-120 所示。

05 在时间线窗口中选择图层"边 1"，按 E 键展开滤镜属性，为"光束"滤镜的"起始点"添加如下表达式。

图 6-120

> target = effect（"起点控制"）（"ADBE Layer Control-0001"）
> fromComp(target.toComp(target.anchorPoint));

为"结束点"添加如下表达式。

> target = effect（"终点控制"）（"ADBE Layer Control-0001"）
> fromComp(target.toComp(target.anchorPoint));

查看合成预览效果，如图 6-121 所示。

06 在时间线窗口中复制图层"边 1"，重命名为"边 2"，在滤镜面板中调整参数，如图 6-122 所示。

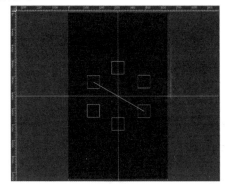

图 6-121

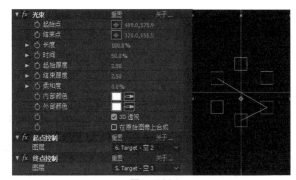

图 6-122

07 使用相同的方法 4 次复制图层"边 2"，重命名为"边 3""边 4""边 5"和"边 6"，分别在滤镜控制面板中调整"起点控制"和"终点控制"的参数，如图 6-123 所示。

▼ fx 起点控制	重置	关于	▼ fx 起点控制	重置	关于
图层	5. Target - 空 3		图层	4. Target - 空 4	
▼ fx 终点控制	重置	关于	▼ fx 终点控制	重置	关于
图层	4. Target - 空 4		图层	3. Target - 空 5	

▼ fx 起点控制	重置	关于	▼ fx 起点控制	重置	关于
图层	3. Target - 空 5		图层	2. Target - 空 6	
▼ fx 终点控制	重置	关于	▼ fx 终点控制	重置	关于
图层	2. Target - 空 6		图层	7. Target - 空 1	

图 6-123

08 查看合成预览效果，如图 6-124 所示。

09 下面要设置空对象的位置关键帧，实现多边形的变幻。拖曳当前指针到 3 秒 10 帧，在时间线窗口中为 6 个空对象的"位置"属性添加关键帧，拖曳当前指针到 3 秒 03 帧，再添加"位置"关键帧。

10 拖曳当前指针到 2 秒 15 帧，调整空对象的位置创建关键帧，同时也改变了多边形的形状为三角形，如图 6-125 所示。

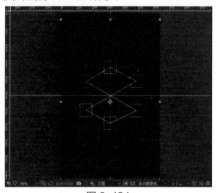

图 6-124　　　　　　　　　　　　　　　　图 6-125

11 拖曳当前指针到 2 秒 09 帧，单击空对象"位置"属性的码表直接创建与 2 秒 15 帧一样的关键帧。

12 拖曳当前指针到 1 秒 18 帧，调整空对象的位置创建关键帧，同时也改变多边形的形状为正方形。拖曳当前指针到 1 秒 10 帧，单击空对象的"位置"属性的码表图标直接创建关键帧，如图 6-126 所示。

13 拖曳当前指针到 22 帧，调整空对象的位置创建关键帧，同时也改变多边形的形状为菱形。拖曳当前指针到 15 帧，单击空对象的"位置"属性的码表图标直接创建关键帧，如图 6-127 所示。

14 拖曳当前指针到合成的起点，调整空对象的位置创建关键帧，如图 6-128 所示。

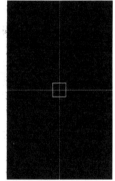

图 6-126　　　　　　　　　图 6-127　　　　　　　　　图 6-128

15 拖曳当前指针到 4 秒 05 帧，调整空对象的位置创建关键帧，同时也改变多边形的形状为五角星形。拖曳当前指针到 4 秒 12 帧，单击空对象的"位置"属性的码表图标直接创建关键帧，如图 6-129 所示。

16 拖曳当前指针到 5 秒，调整空对象的位置创建关键帧，同时也改变多边形的形状为菱形。拖曳当前指针到 5 秒 07 帧，单击空对象的"位置"属性的码表图标直接创建关键帧，如图 6-130 所示。

17　拖曳当前指针到 6 秒，调整空对象的位置创建关键帧，同时改变多边形的形状为菱形。拖曳当前指针到 6 秒 15 帧，单击空对象的"位置"属性的码表图标直接创建关键帧，如图 6-131 所示。

 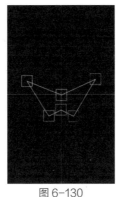 

图 6-129　　　　　　　　　　　图 6-130　　　　　　　　　　　图 6-131

18　拖曳当前指针到 7 秒 10 帧，调整空对象"空 1""空 5"和"空 6"的位置创建关键帧，如图 6-132 所示。

19　单击播放按钮▶，查看多边形变幻的动画效果，如图 6-133 所示。

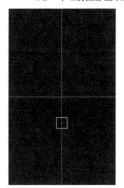 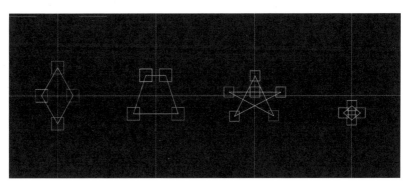

图 6-132　　　　　　　　　　　　　　　　图 6-133

20　选择调节图层，分别在 3 秒 10 帧和 4 秒 05 帧设置"缩放"的关键帧，数值分别为 50% 和 40%。

21　关闭全部空对象可视性，激活所有边图层的运动模糊，如图 6-134 所示。

图 6-134

22　在项目窗口中拖曳"合成 1"到合成图标上，创建一个新的合成，激活运动模糊，然后

选择主菜单"图层"|"图层样式"|"颜色叠加"命令,设置"颜色"为黑色,如图 6-135 所示。

图 6-135

23 在时间线窗口中复制"合成 1"7 次,分别调整图层的"缩放"参数,如图 6-136 所示。

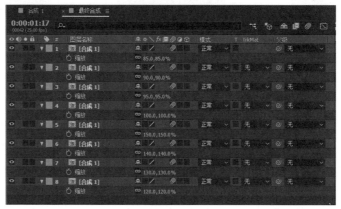

图 6-136

24 调整各图层在时间线上的起点可以相差一两帧,使运动错落有致,如图 6-137 所示。

25 导入 Logo 图片并添加到时间线的顶层,调整该图层的起点为 5 秒 20 帧,调整"缩放"的数值为 50%,如图 6-138 所示。

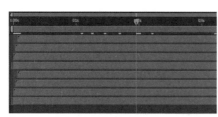

图 6-137

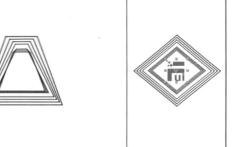

图 6-138

26 添加"卡片擦除"滤镜,选择"翻转顺序"为"自上而下"选项,分别在图层的起点和 6 秒 10 帧设置"过渡完成"的关键帧,数值分别为 0 和 100%。拖曳当前指针查看红色 Logo 的动画效果,如图 6-139 所示。

27 添加"线性擦除"滤镜,设置"擦除角度"为 180°,分别在图层的起点和 6 秒 10 帧设置"过渡完成"的关键帧,数值分别为 100% 和 0。拖曳当前指针查看红色 Logo 的动画效果,如图 6-140 所示。

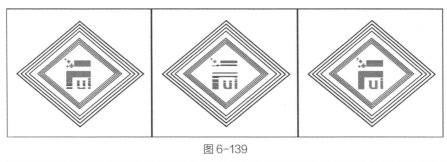

图 6-139

图 6-140

28 添加"径向阴影"滤镜，设置具体参数，如图 6-141 所示。

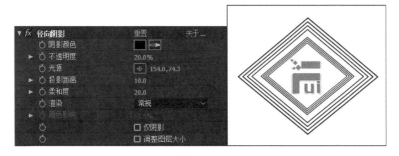

图 6-141

29 单击播放按钮 ，查看几何图形变幻的动画效果，如图 6-142 所示。

图 6-142

6.4.4　音量指针动效

技术要点：

(1) 根据音频素材转变成音频振幅关键帧的图层。

(2) 创建表达式控制图层跟随音频节奏运动。

本例预览效果如图 6-143 所示。

图 6-143

制作步骤：

01 启动软件 After Effects CC 2017，新建一个合成，设置宽度和高度为 640 像素和 1040 像素，持续时间为 6 秒。

02 导入图片"速度表 .jpg"并添加到时间线上，调整大小和位置，如图 6-144 所示。

03 新建一个黑色图层，重命名为"背景"，放置于时间线的底层，添加"梯度渐变"滤镜，如图 6-145 所示。

图 6-144

04 选择椭圆工具，直接在合成预览窗口中绘制一个圆形，重命名为"参考圆形"，如图 6-146 所示。

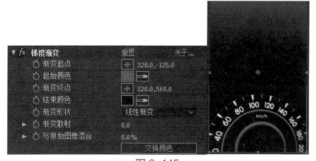

图 6-145

图 6-146

05 选择图层"速度表"，添加"边角定位"滤镜，在合成预览窗口中调整用于定位的边角，使得表盘与参考圆形比较贴合，如图 6-147 所示。

图 6-147

06 导入一段音频素材"节奏音乐.mp3"并放置到时间线的底层,查看音频波形,如图6-148 所示。

图 6-148

07 选择主菜单"动画"|"关键帧辅助"|"将音频转化为关键帧"命令,自动生成音频振幅层,展开"效果"属性栏,查看关键帧图表,如图6-149所示。

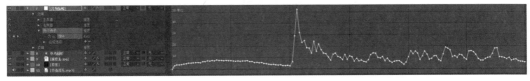

图 6-149

08 选择"两个通道"栏中的"滑块"属性,全部选择了其属性的关键帧,在"平滑器"面板中单击"应用"按钮,对关键帧进行平滑处理,如图6-150所示。

图 6-150

09 选择矩形工具,绘制一个矩形,填充蓝色,首先要调整该图层的锚点到屏幕底边的中心,然后再调整矩形的位置和大小,如图6-151所示。

10 在时间线窗口中选择"形状图层1",按R键展开"旋转"属性,添加表达式并链接到"音频振幅"图层的"滑块"属性,如图6-152所示。

图 6-151

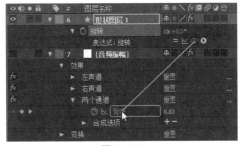

图 6-152

11 修改表达式为: thisComp.layer("音频振幅").effect("两个通道")("滑块")*3-45,拖曳当前指针查看蓝色块跟随音乐节奏的动画效果,如图6-153所示。

图 6-153

12 为"形状图层1"添加"高斯模糊"滤镜，设置"模糊度"为6，添加"残影"滤镜，设置具体参数，如图6-154所示。

图 6-154

13 打开合成的运动模糊开关，激活"形状图层1"的运动模糊属性。为该图层添加Shine滤镜，设置具体参数，如图6-155所示。

14 添加"色阶"滤镜，调整对比度，如图6-156所示。

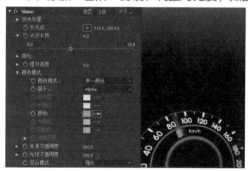

图 6-155

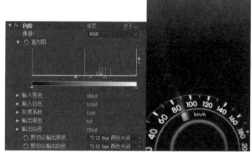

图 6-156

15 在时间线窗口中复制图层"形状图层1"，重命名为"形状图层2"，取消"残影"、Shine和"色阶"滤镜。

16 展开"内容"属性栏下"矩形1"栏中的"变换：矩形1"属性栏，调整"位置"和"比例"，使蓝色块在速度表上数字的位置如图6-157所示。

17 新建一个红色图层，放置于"形状图层2"的下一层，选择该图层的轨道蒙版模式为Alpha，图层混合模式为"颜色"，如图6-158所示。

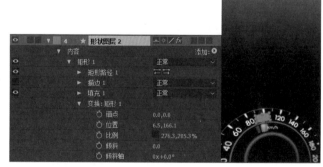

图 6-157

18 选择文字工具，创建一个文本图层，设置字符属性，如图6-159所示。

19 在时间线窗口中复制图层"形状图层2"，重命名为"形状图层3"，放置于文字层的上一层，展开"内容"属性栏下"矩形1"栏中的"变换：矩形1"属性栏，调整"位置"和"比例"，使蓝色块在文字的位置如图6-160所示。

20 选择图层"形状图层 3"，调整"模糊度"的数值为 20，修改"旋转"属性的表达式为：thisComp.layer(" 音频振幅 ").effect(" 两个通道 ")(" 滑块 ")-12 。拖曳当前指针查看文字跟随音频节奏闪现的动画效果，如图 6-161 所示。

图 6-158

图 6-159

图 6-160

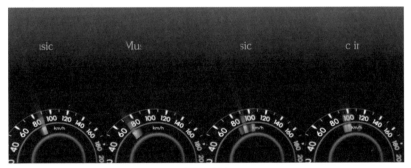

图 6-161

21 复制文字图层并放置于顶层，调整字符属性，如图 6-162 所示。

22 设置该文字图层的混合模式为"相加"，添加"高斯模糊"和 Shine 滤镜，设置具体参数，如图 6-163 所示。

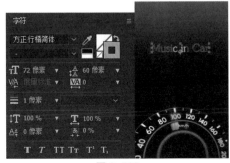

图 6-162

图 6-163

23 单击播放按钮▶️，查看合成预览效果，如图 6-164 所示。

图 6-164

6.4.5 彩蝶飞舞

技术要点：

(1) 创建和编辑表达式控制图层运动。

(2) 折叠变换属性——保持嵌套合成的 3D 属性。

本例动画效果如图 6-165 所示。

图 6-165

制作步骤：

01 启动 After Effects CC 2017，创建新的项目，选择主菜单"文件"|"导入"|"文件"命令，在"导入文件"对话框中选择文件"蝴蝶 .psd"，以合成的方式导入，如图 6-166 所示。

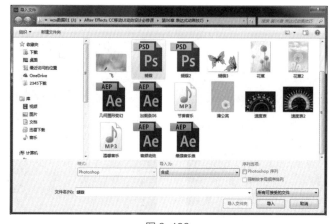

图 6-166

02 在项目控制面板中双击合成"蝴蝶"，打开该合成的时间线，并在合成预览窗口中显示其内容，如图 6-167 所示。

图 6-167

03 选择主菜单"合成"|"合成设置"命令，在"合成设置"对话框中设置"持续时间"为 6 秒，"背景颜色"为灰色，如图 6-168 所示。

04 在时间线窗口中选择全部图层，激活图层的 3D 属性，并链接其他图层作为"body"的子对象，如图 6-169 所示。

05 在时间线窗口中激活图层"body"和"left-up"的独奏属性，然后选择工具栏中的锚点工具，在合成视图中调整蝴蝶翅膀的锚点，如图 6-170 所示。

06 使用上面的方法分别调整其他蝴蝶翅膀图层的锚点，如图 6-171 所示。

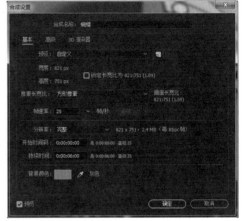

图 6-168

图 6-169

图 6-170

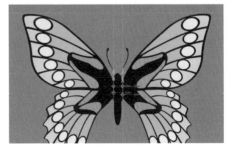
图 6-171

07 在时间线窗口中展开图层"left-up"的"旋转"属性栏，选择"Y 轴旋转"属性栏，选择主菜单"动画"|"添加表达式"命令，为"Y 轴旋转"添加一个默认表达式，如图 6-172 所示。

08 单击默认的表达式，使其处于可编辑状态，然后键入新的表达式语句。

```
wigfreq=2;wigangle=70;wignoise=2;Math.abs(rotation.wiggle(wigfreq,wigangle,wignoise))+20
```

图 6-172

如图 6-173 所示。

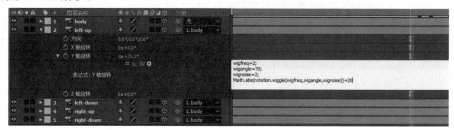

图 6-173

09 拖曳当前时间线指针，查看蝴蝶翅膀扇动的效果，如图 6-174 所示。可以看到右翅膀的摆动，但由于视角的原因，还不够理想。

图 6-174

10 右键单击时间线窗口中的空白处，从弹出的快捷菜单中选择"新建"|"摄像机"命令，并设置摄像机参数，如图 6-175 所示。

11 选择工具栏中的轨道摄像机工具 ，在合成预览视图中单击并拖曳，改变摄像机的位置，如图 6-176 所示。

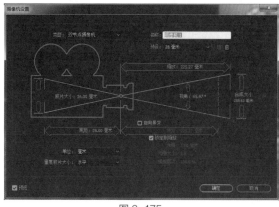

图 6-175

图 6-176

12 在时间线窗口中展开图层"right-up"的旋转属性，为"Y 轴旋转"添加一个表达式。

-thisComp.layer（"left-up"）.transform.yRotation

　　拖曳当前时间线指针，查看蝴蝶翅膀的扇动效果，如图 6-177 所示，可以看到左右翅膀的对称摆动。

图 6-177

13　使用表达式关联的方法为图层"left-down"的"Y 轴旋转"属性添加如下表达式。

thisComp.layer（"left-up"）.transform.yRotation*0.95

　　为图层"right-down"的"Y 轴旋转"属性添加如下表达式。

-thisComp.layer（"left-down"）.transform.yRotation

14　拖曳当前时间线指针，查看蝴蝶翅膀的扇动效果，如图 6-178 所示。

图 6-178

15　现在蝴蝶翅膀的摆动已经设置完毕，接下来设置它的飞行动画。新建一个合成，设置宽度和高度分别为 640 像素和 1040 像素，持续时间为 6 秒，导入一张背景图片"花草 .jpg"。

16　从项目窗口中拖曳合成"蝴蝶"到时间线上，激活其 3D 属性和折叠变换属性，调整"缩放"的数值为 18%，展开"旋转"属性调整蝴蝶相对于背景的角度，如图 6-179 所示。

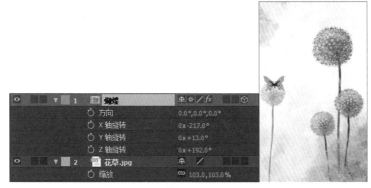

图 6-179

17　新建一个 28mm 的摄像机，为图层"蝴蝶"设置 0 到 4 秒之间"位置"的关键帧，然后将合成预览设置为双视图显示模式，分别在左视图和顶视图中调整蝴蝶的飞行路径，如图 6-180 所示。

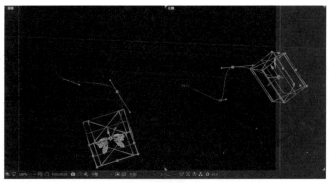

图 6-180

18 单击播放按钮▶，查看蝴蝶飞舞及停留在花朵上扇动翅膀的动画效果，如图 6-181 所示。

图 6-181

19 在时间线窗口中复制图层"蝴蝶"，重命名为"蝴蝶 – 黄"，添加"颜色平衡(HLS)"滤镜，调整色相，如图 6-182 所示。

20 选择图层"蝴蝶"，在时间线窗口中将 4 秒位置的关键帧拖曳到合成的终点，然后在左视图和顶视图中调整飞行路径，使蓝色蝴蝶看起来要比黄色蝴蝶离摄像机更远一些，如图 6-183 所示。

图 6-182

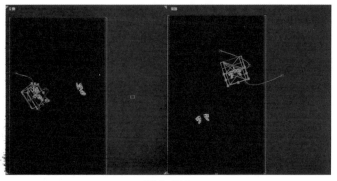

图 6-183

21 调整图层"蝴蝶"的起点为 6 帧，单击播放按钮▶，查看两只蝴蝶飞舞的动画效果，如图 6-184 所示。

图 6-184

22 为了创建蓝色蝴蝶飞得比较远的效果，就需要背景的花草挡住蝴蝶。复制图层"花草"并拖曳到顶层，选择钢笔工具绘制蒙版，如图 6-185 所示。

23 单击播放按钮▶，查看蝴蝶在花草背景中飞舞的动画效果，如图 6-186 所示。

24 设置预览视图为双显模式，在时间线窗口中展开"摄像机"属性栏，打开"景深"选项，

图 6-185

设置"光圈"数值为 60 像素，参照左视图中蝴蝶和目标的位置关系调整"焦距"的数值，如图 6-187 所示。

图 6-186

图 6-187

25 分别在合成的起点和 3 秒处设置"焦距"的关键帧，数值分别为 200 和 450。单击播放按钮▶，查看合成预览效果，如图 6-188 所示。

图 6-188

26 在项目窗口中复制合成"蝴蝶"，重命名为"蝴蝶 1"，为合成方式导入 PSD 文件"蝴蝶 2"，然后用相应的图层替换合成"蝴蝶 1"中的图层，并修改"left-up"的"Y 轴旋转"属性的表达式，减小翅膀扇动的幅度，如图 6-189 所示。

图 6-189

27 激活合成 1 的时间线窗口，从项目窗口中拖曳合成"蝴蝶 1"到时间线上，激活 3D 属性和折叠变换属性，调整"缩放""位置"和"旋转"参数，如图 6-190 所示。

图 6-190

28 保存项目，单击播放按钮▶，观看蝴蝶飞舞的动画效果，这完全是用两张静态图片制作出来的动态页面，读者也可以根据自己的需要添加文字，如图 6-191 所示。

图 6-191

6.5 本章小结

运动曲线和表达式是控制运动的高级方式，效率非常高，尤其是比使用关键帧更能创建复杂的运动效果，通过音频振幅图层的转换可以实现音频对运动节奏、幅度或速度的控制。本章不仅讲述了高级运动控制的理论知识，还详细讲解了 5 个不同风格的案例，帮助读者很好地理解并能灵活应用曲线、表达式以及音频控制运动的技巧，创建丰富多彩的交互动效。

第7章　粒子与破碎特效

本章主要讲解 After Effects CC 的超级粒子功能和可控破碎效果，首先通过对控制参数的详解全面掌握技术理论，使读者更直观地理解重要功能，再通过实例操作掌握组合运用创建复杂效果的技巧。

7.1 粒子运动场

在粒子运动场中，可以通过设置关键帧来控制它的运动表现方式，而更为丰富的效果来自于运动场中设置的粒子规则，比如映像贴图控制力学等参数变化，具有随机运动的特性，但又是人为控制的。因为粒子系统是以大自然中的雪、火、烟、雨、云等为理论基础的，一个粒子系统其实包含成千上万的单独粒子，粒子运动场能够单独控制速度、方向、生命、颜色以及重力和碰撞等属性，甚至它们的随机方式，只需设定好粒子运动场的创建规则，或者说是运动控制程序就可以了，其余的所有工作就由计算机来完成了，粒子的运动也就具有了模仿自然的逼真效果。

7.1.1　运动场控制

粒子系统不只允许用简单的点，还可以用图层作为粒子，甚至可以用单独的图像或动态图像序列作为粒子发射源，当然用文字作为粒子就可以产生很多意想不到的效果。

粒子系统有内置的一些属性，如改变粒子的尺寸、颜色、速率和透明性，粒子运动场使用贴图设置属性，大大增强了操作的灵活性，扩展了想象的空间。

在粒子运动场控制面板中包括多个可设置选项，如图 7-1 所示。

粒子运动场可以产生 3 种粒子：点状、图层脚本或文本字符。每一个发射器只能指定一种粒子类型，但在同一个图层上可以创建任意粒子的组合。通过加农炮、网格、图层爆炸和粒子爆炸 4 种发射器产生粒子。其中加农炮可以从图层发射一股粒子流，使用网格可以创建一个按照行列组成的粒子面，而图层爆炸和粒子爆炸可以从图层或粒子随机产生新的粒子。

在创建粒子发射器时就设置了粒子的属性，然后粒子的行为由重力、排斥、墙、爆炸和属性映像进行控制。例如，如果需要粒子堆叠成网格状，就会应用永久属性映射器中的静摩擦选项以保持粒子在一个位置，否则，只要粒子一产生就开始从发射源的位置移动。

A. 粒子发射器（发射、网格、图层爆炸、粒子爆炸）；　　B. 图层映射；C. 指定粒子行为（重力、排斥、墙）；
D. 指定粒子属性（永久属性映射器、短暂属性映射器）；　E. 设置包括编辑文字等选项

图 7-1

在 After Effects 合成中，使用粒子运动场主要包括以下步骤。

01 选择要创建粒子的图层或创建一个新的固态层。

02 选择主菜单"效果"|"模拟"|"粒子运动场"命令，该图层将变成不可见而只能看见粒子。如果在时间线窗口中为该图层添加动画，将作用于整个粒子层。

03 设置粒子发射器以确定产生粒子的方式。

04 选择粒子。默认状态下，粒子运动场产生点状粒子，不过可以用合成中的脚本或字符替换这些点。

05 指定部分或全部粒子的行为。使用重力沿指定的方向牵引粒子，排斥力使粒子彼此分开或靠近，墙可以将粒子包容或排除在一个确定的范围。

06 使用图像指定单独粒子的行为。可以调整粒子的运动，比如速度和力，还可以控制粒子的外观，比如颜色、不透明度和大小。

永久属性指的是粒子被属性映射器修改之后不能恢复到初始状态的属性。例如，在粒子运动场中为粒子的颜色映射赋予一个移动的渐变图像，当这个渐变图像移出屏幕的时候，所有粒子随之改变颜色最终保持在最后的颜色，如果使用短暂属性映射器的话，粒子是可以恢复到原始的颜色的。

当使用其他图层作为粒子源时，粒子运动场将忽略合成中该图层的任何属性或关键帧的变化，而是使用图层的原始状态，如果要应用图层属性或关键帧的变化，应该将该图层进行预合成。

下面简单地介绍一下粒子发射器。

1. 发射器

默认的发射器是加农炮发射器，以连续流的形式产生粒子，就如同加农炮发射一样。如果要使用其他发射器，首先要通过设置每秒粒子数的值为 0，关闭默认发射器。

默认的发射器控制参数如图 7-2 所示。

图 7-2

对"位置""速率"和"随机扩散速率"等参数进行调整后，单击播放按钮▶，查看基本的粒子效果，如图 7-3 所示。

图 7-3

单击"选项"按钮，在打开的"编辑发射文字"对话框中可以编辑发射文字，用字符替代点状粒子，如图 7-4 所示。

2. 网格发射器

网格发射器从一组网格交叉点产生连续的粒子。网格粒子的运动完全取决于重力、排斥、墙和属性映射。默认状态下，重力是激活的，所以网格粒子会向下落。

"网格"选项组如图 7-5 所示。

"宽度"和"高度"代表网格的尺寸，以像素为单位；"粒子交叉"和"粒子下降"用来指定粒子水平和垂直方向分布的数量，只有该值大于 1 时才能产生粒子，如图 7-6 所示。

图 7-4

图 7-5

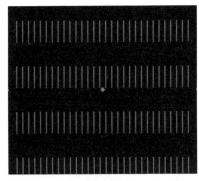

图 7-6

无论是小圆点、图层或者文本字符，网格粒子都会产生在网格交叉点的中心。如果将"重力"设置为 0，粒子将固定在网格上，如图 7-7 所示。

如果使用文本字符作为粒子，单击"选项"按钮，在"编辑网格文字"对话框中的"使用网格"选项被激活，将每个字符放置在各自的栅格交叉点，所以通常的字间距、词间距和字距排布不再可用，如图 7-8 所示。

图 7-7

图 7-8

3. 图层爆炸器和粒子爆炸器

图层爆炸器将一个图层爆炸成新的粒子，而粒子爆炸器将粒子爆炸成新的粒子。除了爆炸效果之外，爆炸器还可以方便地模拟焰火效果或迅速增加粒子数量。

"图层爆炸"选项组如图 7-9 所示。

图 7-9

控制爆炸器产生粒子效果要遵循以下原则。

◆ 默认状态下，一个图层是在每一帧爆炸一次，这将在合成的时段内连续产生粒子。如果要开始或停止图层爆炸，通过设置关键帧创建"新粒子的半径"选项的动画，使在不需要产生粒子时该数值为 0。

◆ 如果源图层是一个嵌套合成，可以在嵌套合成中设置图层不同的不透明值或入点 / 出点，这样可以使爆炸层随不同的时间点透明，当源图层透明时不产生爆炸粒子。

◆ 如果要改变爆炸图层的位置，以图层新的位置进行预合成，然后使用预合成图层作为爆炸层。

◆ 当爆炸粒子时，新的粒子继承源粒子的位置、速度、不透明度、缩放以及旋转属性。

◆ 当图层或粒子被爆炸后，新粒子的运动受重力、排斥、围墙以及属性映像的控制。

有些永久属性映射器和短暂属性映射器的选项可以使爆炸更具真实性。例如，改变不透明性可以使粒子淡出，或者改变红色、绿色和蓝色通道使粒子改变颜色，看起来更加有效果。

7.1.2 粒子形状控制

在默认状态下，粒子运动场产生点状粒子，如果要用合成中的图层替换小圆点，就要使用图层映射，粒子源图层可以是静态图像、固态层或者一个嵌套合成。例如，如果要使用一只蝴蝶飞舞的影片作为一个粒子源图层，After Effects 将替换所有的点，创建一群蝴蝶，如图 7-10 所示。

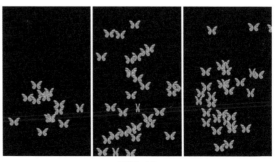

图 7-10

如果映射新的粒子到一个动态图层，使用"时间偏移类型"选项设置恰当的帧。例如，使用"绝对"选项映射一个不变的图像到一个粒子，或者使用"相对"选项映射一个动画帧序列到一个粒子，还可以随机地对粒子进行绝对和相对时间偏移，如图 7-11 所示。

当为图层映射选择了一个图层，粒子运动场忽略合成中该图层所有的属性和关键帧变化，而是使用图层的原始状态。为了保持粒子源图层变换、效果、遮罩、光栅化选项或关键帧变化，需要预合成。

粒子的形状还有一种很常用的类型，那就是用字符替换粒子。例如，可以使用加农炮发射一条文字信息，也可以改变任意 3 组字符的属性，例如使部分字符比其他的更大或更亮。

使用文本替换默认粒子的步骤如下。

01 在"粒子运动场"效果控件面板中，单击"选项"按钮，弹出"粒子运动场"对话框，如图 7-12 所示。

02 单击"编辑发射文字"按钮，弹出"编辑发射文字"对话框，如图 7-13 所示。

图 7-11

图 7-12

图 7-13

03 在文本框中输入字符，并设置字体、样式和顺序等选项，以及是否勾选"循环文字"选项。

04 单击"确定"按钮关闭"编辑发射文字"对话框，然后单击"确定"按钮关闭"粒子运动场"对话框。

05 展开"发射"选项组，可以设置粒子发射器的更多选项。

06 如果在"编辑发射文字"对话框中删除键入的字符就可以恢复默认的粒子。

用文本替换网格粒子的操作也很方便，与加农发射文字的操作类似，只不过首先要设置"发射"选项组中的"每秒粒子数"数值为 0，关闭默认发射器，然后展开"网格"选项组，设置宽度、粒子交叉以及粒子下降等参数，必要的话还需要设置重力等参数。

■ 7.1.3　粒子行为控制

对粒子行为的控制有些是在粒子产生时就发生了作用，包括发射、网格、图层爆炸和粒子爆炸，在粒子产生后并伴随着整个生命周期也需要很多控制，包括重力、排斥、墙、永久属性映射器和短暂属性映射器。为了完美地控制粒子的运动和外观，就需要做到各控制选项的平衡。例如，我们要发射一个随时间渐隐的礼花，如果为"发射"选项组中的颜色控制项设置动画，这样只能改变每一个新粒子在产生时的颜色。为了控制粒子生命周期内的颜色，必须创建图层映像并作为改变粒子颜色的属性映像，如图 7-14 所示。

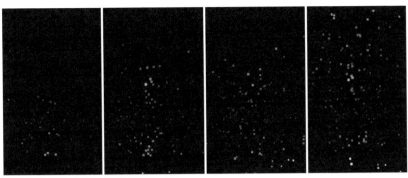

图 7-14

通常的粒子行为及控制如下。

◆ 速度：粒子产生的速度，通过发射和爆炸选项组来设置；网格粒子没有初始速度。当粒子产生后，使用"重力"和"排斥"选项组中的力选项来控制，也可以使用图层映像设置属性映像器中的速度、动摩擦、力和质量等属性作用于单独的粒子。

◆ 方向：粒子发射的方向，默认发射器包括粒子方向，图层爆炸和粒子爆炸都是全方位发射粒子，网格粒子没有初始方向。当粒子产生后，方向可以由"重力"选项组中的方向控制，或者是"墙"选项组中的边界来限定，也可以通过设置属性映射器中的梯度力、X 速度和 Y 速度属性作用于单独的粒子。

◆ 区域：使用一个围墙遮罩包容粒子到一个不同的区域或移除所有障碍，也可以设置属性映射器中的梯度力属性来限定粒子区域。

◆ 外观：粒子产生时的外观，默认发射器、网格、图层爆炸和粒子爆炸都可以设置粒子尺寸，默认发射器和网格也可以设置初始颜色，而图层爆炸器和粒子爆炸器从爆炸的源点、图层或字符获取颜色。当粒子产生后，可以使用属性映射器设置红色、绿色、蓝色、缩放、不透明度和字体大小。

◆ 旋转：粒子产生时的旋转，默认发射器和网格发射器不能设置旋转；粒子爆炸器从爆炸的源点、图层或字符获取旋转。旋转对于点状粒子来说不易显现，只有当用字符或图层替换点状粒子时才容易看到，使用自动定向旋转项可以使字符粒子沿着各自的轨道自动旋转。粒子产生后，可以设置属性映射器中的角度、角速度和扭矩属性。

下面针对控制粒子行为方式的重力、排斥和墙的重点参数做一下讲解。

1. 重力

使用重力控制可以按着指定的方向拖拉粒子，粒子会在重力方向上加速。应用一个垂直方向的重力可以产生雨或雪那样下落的粒子，或者像泡泡一样上升的粒子。应用一个水平方向的重力可以模拟风吹的效果。

"重力"选项组如图 7-15 所示。

所包含的选项如下。

图 7-15

◆ 力：指定重力大小。正值增加力，更加强劲地拖拉粒子；负值将减小力度，与粒子发生的初始方向和速度有很多作用。

◆ 随机扩散力：指定力的随机范围。设置为 0，所有的粒子具有相同的速率，如果设置较高的值，粒子将以不同的速率下落。虽然单纯的重力可以均衡地加速所有对象，通过增加随机扩散力的值可以产生更真实的效果。

◆ 方向：指定重力拖拉的方向。默认为 180 度，模拟真实世界将粒子拉向屏幕底端。

◆ 影响：指定受重力作用的粒子的子集。

2. 排斥

排斥控制指定粒子相互之间吸引或排斥的距离。这个特性模拟磁性正负极对粒子的作用，可以指定哪些粒子、图层或字符是排斥力，哪些是被排斥的。如果要排斥整个图层的粒子远离一个指定的区域，使用属性映射器、墙或梯度力。

"排斥"选项组如图 7-16 所示。

所包含的选项如下。

◆ 力：指定排斥的力度。较大的值产生大的排斥力，较小的值导致粒子相互吸引。

◆ 力半径：指定粒子排斥的半径，只有该半径之内的粒子才受到排斥作用。

◆ 排斥物：指定哪些粒子作为排斥器或吸引器，同时可以指定排斥区域，如图 7-17 所示。

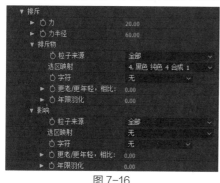

图 7-16

图 7-17

◆ 影响：指定应用排斥或吸引的粒子子集。

3. 墙

墙控制器用来限制粒子活动的范围。墙是一个封闭的蒙版，当粒子碰到围墙，将基于碰撞速度反弹。

"墙"选项组如图 7-18 所示。

◆ 边界：指定作为围墙的蒙版，如图 7-19 所示。

图 7-18

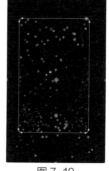

图 7-19

许多粒子运动场控制器中都包含"影响"选项。该选项用来指定受控制器作用的粒子子集。

◆ 粒子来源：指定受到作用的粒子发射器或发射器组。

◆ 选区映射：指定作用于受影响粒子的图层映像。

模拟空间不受粒子运动场图层大小的限定，所以需要使用的选集映像要大于粒子图层，这样看不见的源点也能受到选集映像的作用。

◆ 字符：指定受到影响的字符。只有当使用字符作为粒子类型时才能应用。

◆ 更老 / 更年轻，相比：指定年龄范围，以秒计算。正值影响年长的粒子，负值影响年轻的粒子。例如，设置为 10 的值意味着只要粒子达到 10 秒就将变成新的粒子。

◆ 年限羽化：指定"更老 / 更年轻，相比"数值的浮动范围。例如，如果设置"更老 / 更年轻，相比"的数值为 10，而"年限羽化"的值为 4，大约 20% 的粒子达到 8 秒时开始转变，50% 的粒子达到 10 秒时转变，而其余的粒子达到 12 秒时转变。

下面这个实例效果就是设置了重力、排斥、影响和属性映射等选项，这样完全可以让不同大小、颜色和亮度等不同外观的粒子在 Logo 轮廓内运动，如图 7-20 所示。

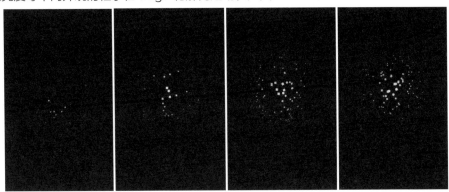

图 7-20

7.1.4　属性映射器控制

将图层作为映射，通过永久属性映射器或短暂属性映射器可以控制单个粒子的指定属性，粒子运动场将每一个映射图层的像素的亮度解析为确定的值，属性映射器将指定图层的通道（红色、绿色或蓝色）与指定的属性联系起来。

调整粒子属性包含持久和短暂两种方式。持久属性是指保持粒子属性通过图层映射为后面粒子生命周期而设置的最近的值，除非使用了其余控制项，比如重力、排斥或墙控制器。例如，如果使用了图层映射调整粒子大小而且动画图层映射使其离开屏幕，那么粒子保持图层离开屏幕时设置的大小值，如图 7-21 所示。

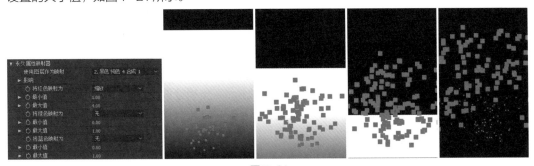

图 7-21

短暂属性是指使粒子属性每一帧后恢复到原始设置。例如，如果使用一个图层映射调整粒子的大小，而且动画图层使其离开屏幕，当没有图层映射像素与之对应时，每一个粒子都会恢复到原始尺寸，如图 7-22 所示。

图 7-22

如果应用了其他运算符，每一次粒子经过映射图层上不同的像素，图层映射像素的值都与原始值进行运算，如图 7-23 所示。

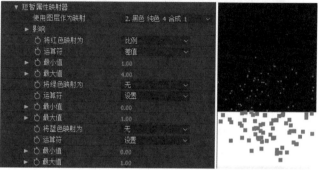

图 7-23

粒子运动场属性通过分别从红色、绿色和蓝色通道中提取亮度值来完成控制的。在永久和短暂属性映射器中，使用一个 RGB 图像映射可以最多控制粒子的三个属性。如果只需控制一个属性，则不需要使用全部通道，如果只改变一个属性或三个属性使用相同的数值，可以使用灰度图像作为图层映像。

如果要使属性映射器控制单个的粒子在空间和时间的属性，在映射图层中使用关键帧，可以改变粒子在一帧中任意位置的属性。

"永久属性映射器"选项组如图 7-24 所示。

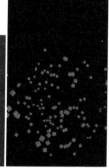

图 7-24

因为粒子属性使用多种单位，比如像素、角度和秒，可能在压缩或扩展图层映像值的范围时导致不能使全部的结果数值处于指定属性的同一计量系统中，首先使用"最小值"和"最大值"来指定图层映射值的范围，如果还要进一步调整，可以使用短暂属性映像器，通过运算符来放大、减弱或限制图层映射的作用。

当使用短暂属性映射器时，粒子运动场用图层映像当前位置像素描述的值替换粒子属性的值，也可以通过数学运算对结果数值进行放大、减弱或者限定，然后一并使用粒子属性的值和与之对应的图层映像像素的值。

短暂属性映射器包含以下几种运算符。

◆ 设置：用对应的图层映像像素的值替换粒子属性的值。例如，如果只用映射图层的像素的亮度值简单地替换一个粒子属性的值，使用"设置"选项，这是最可预见的运算方式，也是默认方式。

◆ 相加：使用粒子属性值和对应的图层映像像素值的总和。

◆ 差值：使用粒子属性值与对应图层映像像素亮度值的差分绝对值。因为提取的是差分绝对值，该运算方式用于需要限定为正值的时候。如果正在模拟真实的行为，差值运算可能不太理想。

◆ 相减：粒子属性值减去对应的图层映像像素的亮度值。

◆ 相乘：粒子属性值乘以对应的图层映像像素的亮度值。

◆ 最小值：比较粒子属性值与对应的图层映像像素的亮度值，并使用其中较小的值。为了限定粒子属性使其小于或等于一个数值，使用最小值运算并设置"最小值"和"最大值"选项。如果使用一个白色图层作为图层映像，只需要设置"最大值"选项。

◆ 最大值：比较粒子属性值与对应的图层映像像素的亮度值，并使用其中较大的值。

将图层映射复制到粒子属性的选项有很多，这就为创建丰富多样的粒子提供了可能。

◆ 无：不调整粒子属性。

◆ 红、绿、蓝：复制粒子的红色、绿色或蓝色通道的值，范围为 0.0 ～ 1.0。

◆ 动态摩擦：复制阻止运动对象的力度，范围为 0.0 ～ 1.0。增加该值减慢或停止运动的粒子，如同刹车一样。

◆ 静态摩擦：复制保持粒子不动的惯性量，范围为 0.0 ～ 1.0。设置为 0 时，随便一点力都可以使粒子运动；如果增加该值，固定的粒子就需要很大的力才能启动。

◆ 角度：复制粒子指向的方向，相对于粒子原始的角度。如果粒子是文本字符或非对称图层时效果很直观。

◆ 角速度：复制粒子旋转的速度，单位是度 / 秒。

◆ 扭矩：复制粒子旋转的力度。正扭矩可以增加粒子的角速度，而对于大质量的粒子来说加速会很慢。亮度高的像素对角速度的影响更强烈。如果应用足够大的与角速度相反的扭矩，粒子将会反方向旋转。

◆ 缩放：复制粒子沿 x 和 y 轴向的缩放比例。该值可以等比例拉伸粒子，值为 1 是实际大小，值为 2 将拉伸到 200%，以此类推。

◆ X 缩放、Y 缩放：复制粒子沿 x 或 y 轴的缩放比例。

◆ X、Y：复制粒子沿 x 或 y 轴的位置，以像素为单位。值为 0 将指定屏幕左端或顶端的位置。

◆ 渐变速度：复制基于图层映像在 x 和 y 运动平面区域上的速度调节。

◆ X 速度、Y 速度：复制水平和垂直方向的速度，单位是像素 / 秒。

◆ 梯度力：复制基于图层映像在 x 和 y 运动平面区域上的力度调节。颜色通道中的像素亮度值确定在每个像素对粒子的阻力，所以颜色通道就会有起伏地增减粒子的力。在图层映像中，均衡的亮度不产生调整，较低的像素值产生较小的阻力，反之亦然。为了得到比较好的结果，最好使用羽化边缘的图层映像。

◆ X 力、Y 力：复制沿 x 轴或 y 轴向运动的力度，正值将粒子推向右边或下边。

◆ 不透明度：复制粒子的透明度，0 为完全透明，1 为不透明。调整该值可以使粒子淡入或淡出。

◆ 质量：复制粒子的质量，影响所有的调整力的属性，比如重力、静摩擦、动摩擦、扭矩以及角速度。质量越大，需要越大的力才能使粒子移动。

◆ 寿命：复制粒子生存的时间，以秒计算。在生命周期结束时，粒子将从图层上消失。默认的生命周期是无限。

◆ 字符：复制对应 ASCII 文本字符的值，替换当前粒子。通过在图层上绘制灰度明暗来指定哪些字符出现，值为 0 不产生字符。对于美式英文字符，数值范围为 32 ～ 127。

如果只想简单地将字符拼写成一条消息，直接在"选项"对话框中键入这些文本更方便。字符属性更大的用处在于纷乱的字符中产生一个神秘的消息。

◆ 字体大小：复制字符的尺寸，只有当使用字符作为粒子时才可用。

◆ 时间偏移：复制图层映像使用的时间偏移值。只有当使用图层映像指定动态图层作为粒子源时可用。

◆ 缩放速度：复制粒子的缩放比例。正值扩大粒子，而负值则收缩粒子，按每秒百分数计算。

下面这个实例效果就是在永久和短暂属性映射器中进行了设置，使字符粒子在大小、颜色等方面随时间发生改变。当然还是希望读者能多做一些尝试，能够获得更加丰富的粒子效果，如图 7-25 所示。

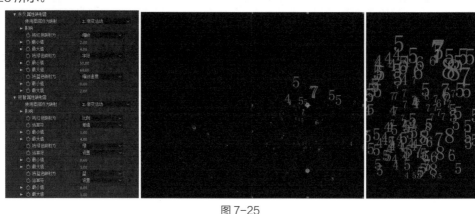

图 7-25

当应用粒子运动场时，要注意观察"信息"面板中显示的粒子数量。如果一个粒子效果超过了 10 000 个粒子，就会明显减慢渲染速度。网格和图层爆炸器每帧都会产生粒子，可能导致太多的粒子降低渲染的速度，为了避免连续地产生粒子，可以制作将一些控制项设置到 0 的动画，比如图层爆炸中的新粒子半径、网格中的宽度和高度、粒子半径以及字体大小，这样粒子运动场只在开始时产生新的粒子。在"粒子运动场选项"对话框中勾选"启用场渲染"选项，粒子运动场以当前合成的双帧率进行计算。

7.2 破碎效果

碎片滤镜能够使图像爆炸成小块，通过设置作用力的点并调整强度和半径，来控制破碎的区域和速度，可以选择多种碎片的形状并挤压使之具有体积和深度，甚至可以使用一个渐变图层来准确控制破碎的顺序。例如，如果导入一个 Logo，使用碎片效果可以在图层上吹出一个 Logo 形状的洞，如图 7-26 所示。

图 7-26

应用了"碎片"滤镜后，在效果控件面板中可以调整碎片控制器的多项参数，包括视图模式、碎片形状、作用力、渐变控制、物理学、纹理、材质、摄像机以及灯光等，如图7-27所示。

下面分别对碎片控制选项的功能进行详细讲述。

图 7-27

7.2.1　显示与渲染选项

显示控制选项指的就是视图模式，指定在合成窗口中场景的外观，包括以下几种方式。

◆ 已渲染：显示碎片的纹理和灯光效果，就如同最后输出的样子。当渲染动画时要使用该方式。

◆ 线框正视图：全屏显示正视图，没有透视。使用该方式可以调整效果点和其他任何角度看不到的参数。另外，还可以看见碎片贴图的轮廓，以便准确定位、旋转以及缩放碎片图案。

◆ 线框：显示场景的透视图，可以方便地设置摄像机和细调凸出深度。

◆ 线框正视图 + 作用力：以线框显示代表图层的前视图，还有蓝色代表作用力半球。

◆ 线框 + 作用力：显示线框和蓝色代表作用力半球。该视图包括摄像机控制，所以可以在 3D 空间中定位所有元素。

渲染选项用来确定单独渲染整个场景（默认设置）、未破碎图层或者碎片。例如，如果要只应用发光效果到碎片而不是其余整体部分，就可以复制破碎图层，通过设置前景图层的渲染选项为"块"项，再应用发光效果到前景图层，如图 7-28 所示。

图 7-28

7.2.2　破碎选项

控制图层破碎的选项主要包括形状、作用力1、作用力2、渐变以及物理学。

1. 形状选项

形状选项指定碎片的形状和外观，"形状"选项组如图 7-29 所示。

◆ 图案：指定用于碎片的预设图案。

图 7-29

◆ 自定义碎片图：指定用作碎片形状的图层。

◆ 白色拼贴已修复：防止刚破碎时纯白色拼贴在定制的破碎贴图中，使用该选项可以强制部分图层保持完整。

◆ 重复：指定拼贴图案的比例。该选项只作用于预设破碎贴图，增大该值将减小破碎贴图的尺寸，从而增加屏幕中碎片的数量，因此，图层破碎成又多又小的碎片。不建议设置该选项的动画，因为很容易导致碎片数量和尺寸的突然变化。

◆ 方向：旋转预设破碎贴图相对于图层的方向，就像前面讲过的"循环"选项一样，不建议设置该选项的动画。

◆ 源点：准确定位预设破碎贴图在图层上的位置。如果需要使用指定的碎片排列部分图像时十分有用。同样不建议设置该选项的动画。

◆ 凸出深度：为碎片添加三维尺寸，值越高则碎片越厚。在"渲染"显示模式下，只有开始破碎或旋转摄像机时才能看见该效果。当设置该控制项过高的值，碎片可能相互穿插，虽然高速运动时这可能不是问题，但当碎片变得很厚并且慢速运动时会看起来很明显。

2. 作用力选项

作用力选项组如图 7-30 所示。

作用力 1 和作用力 2 选项指定使用两个不同的力的破碎区域。

◆ 位置：指定当前破碎中心点的 x 和 y 坐标。

◆ 深度：指定当前中心点在 z 空间的位置，或者说是爆炸点在图层前面或后面多远。调整深度可以确定应用到图层的爆炸范围。爆炸范围是球形的，而图层是基于平面的，因此，只有一个圆形的相交面。爆炸中心距离图层越远，相交面越小。当图层开始破碎时，碎片从力的中心飞出，深度决定了碎片飞出的方式：正值导致碎片向前飞，朝着摄像机；负值导致碎片向后飞，远离摄像机。为了看清深度设置的结果，使用"线框 + 作用力"显示模式，如图 7-31 所示。

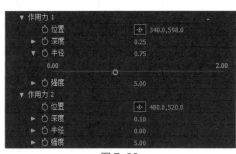

图 7-30　　　　　　　　　　　　　　　　图 7-31

◆ 半径：指定作用力球体的尺寸。通过调整该值，可以精确控制破碎的对象。通过改变速度和设置从小到大的动画，可以产生一个展开的冲击波式的破碎。

如果需要确定破碎的时间，设置"半径"选项的动画，而不是"强度"选项。当"强度"设置为 0 时，作用力球体范围内的碎片将由于重力而飞出屏幕。

◆ 强度：指定碎片运动的速度，即它们脱离或吸附到破碎中心的难度。正值将碎片脱离破碎中心，而负值将碎片吸附在破碎中心。正值越大，碎片飞离中心越快越远，反之亦然。一旦碎片飞出，就不再受到作用力半球的作用，而是受物理学控制项的影响。

3. 渐变选项

渐变选项指定用于控制定时破碎的渐变图层。"渐变"选项组如图 7-32 所示。

◆ 碎片阈值：根据指定渐变图层中对应的亮度来确定作用力半球中的碎片。如果设置"碎片阈值"的值为 0，那么作用力半球中没有破碎发生；如果设置为 1%，那么只有与渐变图层中白色或接近白色对应的块才会破碎；如果设置为 50%，那么与渐变图层中白色到 50% 灰度对应的块都会发生破碎；如果设置为 100%，那么作用力半球中所有的块发生破碎。每一个百分点代表大约 2.5 级灰度。通过设置"碎片阈值"选项的动画可以影响破碎的时间。

◆ 渐变图层：指定用于确定目标图层破碎区域和时间的图层。白色区域首先爆炸，黑色区域最后爆炸。

◆ 反转渐变：反转渐变图层中的像素值。

4. 物理学选项

物理学选项能够确定碎片运动和离开空间的方式。"物理学"选项组如图 7-33 所示。

图 7-32　　　　　　　　　　　　　　　图 7-33

◆ 旋转速度：指定碎片绕"倾覆轴"选项设置的轴向旋转的速度，可以根据不同的材质模拟不同的旋转速度。在自然界中，相近形状的物体由于质量和空气阻力等因素会以不同的速度旋转。

◆ 倾覆轴：指定碎片旋转的轴向。无表示排除所有旋转，x、y 和 z 轴旋转只能使碎片围绕选择的轴向，XY、XZ 和 YZ 指定碎片旋转只能围绕所选择轴向的组合。

◆ 随机性：作用于初始速度和力产生的旋转。当该项设置为 0 时，碎片直接从破片中心飞出，实际上破碎很少是这样的，所以设置随机性可以更接近自然。

◆ 粘度：指定破碎后碎片减速的快慢。设置较高的粘度值，碎片移动和旋转时阻力就较大。如果设置粘度的值足够高，运动将很快进入停滞。为了模拟在水中或泥泞中的爆炸，就需要设置较高的粘度值，如果在空气中可以设置中等的值，而在太空中的爆炸，可以设置很低的值，甚至到 0。

◆ 大规模方差：指定碎片爆炸时的理论重量。例如，大块要比小块的更重些，因此飞得就没有那么快，也没有那么远。默认数值为 30%，这是一个物理定律上接近现实的值。如果设置"大规模方差"的值到 100%，将极度放大大小碎片之间行为的差异，如果设置为 0，将忽略尺寸和重量的差别。

◆ 重力：确定爆炸后碎片如何飞离。如果设置比较大的重力值，碎片将在重力方向和重力倾向设置的方向上移动更快。

◆ 重力方向：指定碎片受重力作用时在 xy 空间中移动的方向。该方向是相对于图层的。如果"重力倾向"设置为 -90 或 90，则重力方向不产生作用。

◆ 重力倾向：指定碎片爆炸时在 z 空间中移动的方向。如果值为 90 则碎片相对于图层向前，值为 -90 则碎片相对于图层向后，如图 7-34 所示。

图 7-34

7.2.3 三维效果

所谓碎片的三维效果，主要是指纹理、摄像机、灯光和材质属性，通过这些选项的设置，获得碎片的三维视觉效果。

1. 纹理选项

纹理选项用来指定碎片的纹理。"纹理"选项组如图 7-35 所示。

◆ 颜色：通过正面模式、侧面模式和背面模式选项指定碎片的颜色。该颜色是否可见取决于所选择的模式：当选择模式为颜色、着色图层、颜色＋不透明度或着色图层＋不透明度时，设置的颜色添加到碎片的外观中。

◆ 不透明度：控制相应模式的不透明度。只有选择模式为颜色＋不透明度、图层＋不透明度和着色图层＋不透明度时，才影响碎片的外观，可以与纹理贴图结合起来创建半透明的材质，如图 7-36 所示。

图 7-35   图 7-36

◆ 正面模式、侧面模式、背面模式：确定碎片的前面、侧面和背面的外观。"颜色"选项将选择的颜色应用于碎片对应的面；"图层"选项提取选择的图层并将其映射到碎片相应的面；"着色图层"选项将选择的图层和选择的颜色进行混合，该效果类似于透过滤色片看图层一样；"颜色＋不透明度"选项混合选择的颜色和不透明值，不透明度的值为 1 时，对应面接受选择颜色，不透明度的值为 0，对应面是透明的；"图层＋不透明度"选项混合选择的图层和不透明值；"着色图层＋不透明度"选项混合选择色彩化的图层和不透明值。

◆ 正面图层、侧面图层、背面图层：指定映像到碎片对应面的图层。正面图层将选择的图层映像到碎片的前面，背面图层将选择的图层映像到碎片的后面，侧面图层将选择图层的挤压映像到碎片的挤压面。如果选择的图层应用了效果，该效果不会显现在纹理中，除非预先合成。

2. 摄像机系统

摄像机系统指定是否使用摄像机位置、边角定位或者合成摄像机。如果选择了合成摄像机则跟踪合成的摄像机和灯光位置并在图层上渲染 3D 图像，如图 7-37 所示。

如果选择了"摄像机位置"选项，可以在"摄像机位置"选项组中设置摄像机的角度、位置和焦距等参数，如图 7-38 所示。

图 7-37

如果选择了"边角定位"选项，可以调整 4 个角顶点的位置和焦距等参数，如图 7-39 所示。

图 7-38

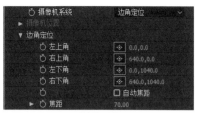

图 7-39

"自动焦距"选项用来控制动画过程中的透视效果。当该项关闭时，指定的焦距用于发现摄像机位置和定位图层顶角的方向，如果不能实现，则该图层被顶角之间的轮廓替换；如果激活该选项，可以使用匹配顶角牵制的焦距，或者从邻近的关键帧插补正确的值。

3. 灯光选项

灯光选项指定碎片的光照效果。"灯光"选项组如图 7-40 所示。

◆ 灯光类型：指定要使用的灯光类型。点光源类似于一个灯球并全方位投影；远光源模拟日光并产生单方向上的阴影，所有的光线从一个角度投射到物体上；首选合成灯光则使用合成的第一个灯光层，可以包含一系列设置，如图 7-41 所示。

图 7-40

图 7-41

◆ 灯光强度：指定光照的强度，值越高则图层越亮，其他灯光设置也会影响灯光的亮度。

◆ 灯光颜色：指定灯光的颜色。

◆ 灯光位置：指定灯光在 x 空间和 y 空间的位置。

◆ 灯光深度：指定灯光在 z 空间的位置。负值将灯光移动到图层的后面。

◆ 环境光：全图层分布灯光。增大该值将为所有对象均匀加亮并防止阴影变成全黑。将环境光设置为纯白色并设置其他所有灯光到 0，将使对象完全照亮并失去 3D 明暗效果。

4. 材质选项

材质选项指定碎片的映像值。"材质"选项组如图 7-42 所示。

图 7-42

◆ 漫反射：提供对象定义外形的明暗特性，依赖于灯光照射表面的角度和观察者的位置。

◆ 镜面反射：直接依赖观察者的位置，模拟光源的反射到观察者，可以产生光亮的幻象，在真实效果中往往使用比较高的值，还可以为该控制项添加模糊图层效果，实现应用效果与非效果之间的过渡。

◆ 高光锐度：控制光亮。十分光亮的表面产生小面积的反射，而阴暗的表面会扩展高光区。镜面高光是入射光的颜色，因为灯光是典型的白色或非白色，比较宽的高光可以通过添加白色到表面颜色来降低图像的饱和度。

通常，调整灯光和材质可以按照如下步骤：设置灯光位置和漫反射，控制全面的灯光级别和场景中的明暗，然后调整镜面反射和高光锐化来控制高光的强度和扩散，最后调整环境光以修补阴影区域。

7.3 课堂练习

7.3.1 粒子汇聚 Logo

技术要点：

(1) 加农炮粒子。

(2) 属性映像控制粒子的速度、透明度和大小。

本例的预览效果如图 7-43 所示。

图 7-43

制作步骤：

01 启动软件 After Effects CC 2017，创建一个新的合成，设置合成的名称、尺寸和长度等参数，如图 7-44 所示。

02 新建两个黑色的图层，并重新命名为"发射"和"渐变贴图"，选择图层"渐变贴图"，添加"梯度渐变"滤镜，设置渐变参数，查看合成预览效果，如图 7-45 所示。

图 7-44

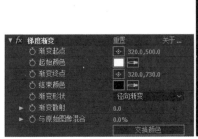

图 7-45

03 在时间线窗口中展开图层"渐变贴图"的"变换"属性，调整"位置""缩放"和"旋转"参数，如图 7-46 所示。

04 选择图层"渐变贴图"进行预合成，如图 7-47 所示。

05 双击打开预合成"渐变贴图"，选择图层"渐变贴图"再一次进行预合成。新建一个黑色图层，添加"设置通道"滤镜，设置具体参数，如图 7-48 所示。

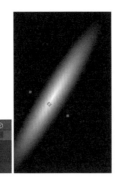

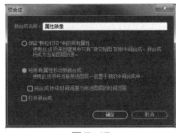

图 7-46　　　　　　　　　　　　　　　　　　图 7-47

06　以合成的方式导入图片"Logo2.psd"，双击打开合成"Logo2"的时间线，调整合成尺寸为 640×1040 像素，持续时间为 8 秒。

07　新建一个黑色图层，放置于底层，选择图层 UI，添加"填充"滤镜，设置填充颜色为白色，然后调整图形的位置，如图 7-49 所示。

图 7-48　　　　　　　　　　　　　　　　　　图 7-49

08　激活合成"属性映像"的时间线，选择顶层的黑色图层，在"设置通道"的效果控件面板中选择"源图层 2"为"logo 2"，如图 7-50 所示。

09　复制图层"logo 2"，选择上一层的图层"logo 2"，进行预合成，再双击打开该预合成，为"logo2"添加"查找边缘"滤镜，设置具体参数，如图 7-51 所示。

图 7-50　　　　　　　　　　　　　　　　　　图 7-51

10　激活合成"属性映像"的时间线窗口，选择顶层的黑色图层，在"设置通道"的效果控件面板中选择"源图层 3"为"logo 2 合成 1"，单击预览窗口底部的通道显示模式按钮，查看合成的红色通道视图，同样也可以查看绿色通道和蓝色通道视图，如图 7-52 所示。

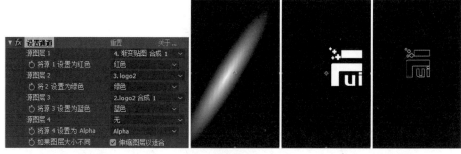

图 7-52

11 激活合成"颗粒打印"的时间线窗口，重命名黑色图层"发射"为"发射1"并拖曳到顶层，添加"粒子运动场"滤镜，设置发射器参数，如图 7-53 所示。

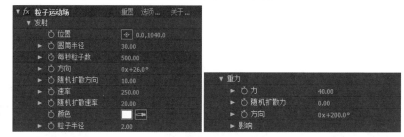

图 7-53

12 单击播放按钮▶，查看粒子的动画效果，如图 7-54 所示。

图 7-54

13 展开"永久属性映射器"和"短暂属性映射器"选项组，指定映射图层和作用属性，如图 7-55 所示。

图 7-55

14 分别在合成的起点和 2 秒 15 帧设置"每秒粒子数"的关键帧，数值分别为 500 和 10，

单击播放按钮 ▶，查看粒子的动画效果，如图 7-56 所示。

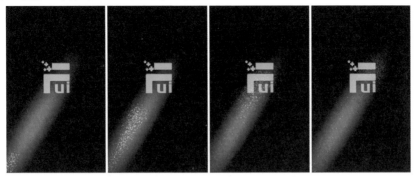

图 7-56

15　在时间线窗口中关闭图层"属性映射"的可视性，复制图层"发射1"，重命名为"发射2"，删除"每秒粒子数"的关键帧，调整其数值为 1000。

16　在效果控件面板中调整"永久属性映射器"和"短暂属性映射器"选项，如图 7-57 所示。

图 7-57

17　单击播放按钮 ▶，查看粒子的动画效果，如图 7-58 所示。

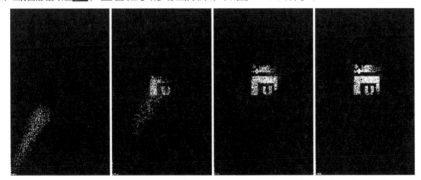

图 7-58

18　新建一个调整图层，添加"变换"滤镜，分别在 6 秒 10 帧和 6 秒 20 帧设置"不透明度"的关键帧，数值分别为 100 和 0，创建粒子的淡出效果。

19　从项目窗口中拖曳合成"logo2"到时间线的顶层，调整图层的起点为 6 秒，添加 Shine 滤镜，设置具体参数，如图 7-59 所示。

20　拖曳当前指针到 6 秒 10 帧，添加"光芒长度"的关键帧，分别在 6 秒和 6 秒 20 帧再添加关键帧，数值均为 0；分别在 6 秒和 6 秒 05 帧设置"光线不透明度"的关键帧，数值分别为 0 和 100。

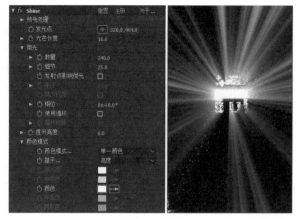

图 7-59

21 添加"填充"滤镜，分别在 6 秒 20 帧和 7 秒设置颜色由白色变成红色的关键帧。拖曳当前指针，查看 Logo 的发光和变色动画效果，如图 7-60 所示。

图 7-60

22 选择文字工具，直接在合成预览窗口中输入字符，设置字符属性并调整文字的大小和位置，如图 7-61 所示。

23 在时间线窗口中调整文字图层的起点为 6 秒 20 帧，添加"百叶窗"滤镜，分别在图层的起点和 7 秒 05 帧设置"过渡完成"的关键帧，数值分别为 100% 和 0。

24 单击播放按钮▶，查看粒子汇聚 Logo 的完整动画效果，如图 7-62 所示。

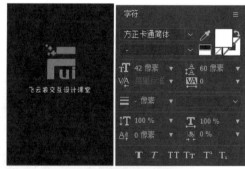

图 7-61

图 7-62

7.3.2　烟花效果

技术要点：

　　(1)"粒子运动场"滤镜——创建粒子发射效果。

　　(2)"发光"滤镜——模拟烟花的多彩辉光。

　　本例预览效果如图 7-63 所示。

制作步骤：

　　01 打开软件 After Effects CC 2017，创建
一个新的合成，命名为"烟花"，设置具体参数，
如图 7-64 所示。

图 7-63

　　02 新建一个黑色图层，命名为"粒子 01"，添加"粒子运动场"滤镜，展开"发射"选项组，
设置具体参数，如图 7-65 所示。

图 7-64

图 7-65

　　03 展开"重力"选项组，设置"力"的数值为 10，拖曳当前时间线指针，查看粒子的运动效果，
如图 7-66 所示。

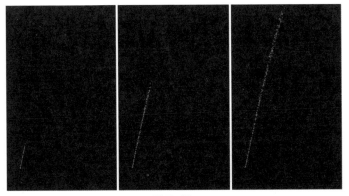

图 7-66

　　04 新建一个固态层，绘制一个圆形遮罩，设置羽化值为 50，调整遮罩的位置和大小，这
也是后面用来消除高处粒子的区域，如图 7-67 所示。

　　05 选择该图层，进行预合成，重命名该预合成为"蒙版"，然后关闭其可视性。

06 双击打开合成"蒙版"的时间线，新建一个白色固态层，放置于底层。

07 激活合成"烟花"的时间线，选择图层"粒子 01"，在粒子运动场控制面板中，展开"永久属性映射器"选项组，指定图层"蒙版"作为映射图层，作用于缩放属性，这样喷射到高处的粒子就不见了，如图 7-68 所示。

图 7-67　　　　　　　　　　　　　　　　图 7-68

08 分别在 2 秒和 2 秒 15 帧，设置"每秒粒子数"的关键帧，数值分别为 40 和 0，拖曳当前指针，查看粒子发射到停止发射的动画效果，如图 7-69 所示。

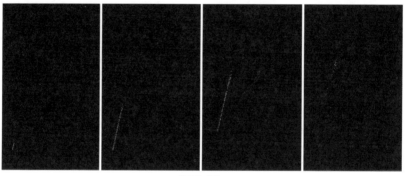

图 7-69

09 新建一个合成，命名为"烟花 2"，新建一个黑色图层，命名为"粒子 02"，添加"粒子运动场"滤镜，设置"发射"和"重力"选项组参数，如图 7-70 所示。

图 7-70

10 分别在 3 秒和 4 秒设置"每秒粒子数"的关键帧，数值分别为 150 和 0。

11 新建一个黑色图层，添加"梯度渐变"滤镜，设置参数，如图 7-71 所示。

12 选择该图层进行预合成，勾选第二项，重命名该预合成为"蒙版 2"，然后关闭其可视性。

13 选择图层"粒子 02"，在粒子运动场控制面板中，展开"永久属性映射器"选项组，指定"蒙版 2"作为映射图层，作用于缩放和蓝色属性，这样粒子的大小和颜色就发生了改变，如图 7-72 所示。

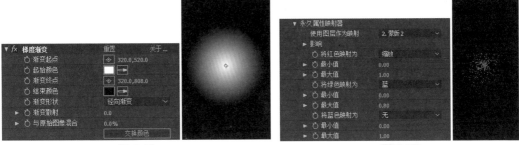

图 7-71　　　　　　　　　　　　　　　　　　图 7-72

14 为图层"粒子 02"添加"残影"滤镜，设置具体参数，如图 7-73 所示。

图 7-73

15 激活合成和图层的运动模糊属性，添加"发光"滤镜，设置具体参数，如图 7-74 所示。

16 激活合成"烟花"的时间线窗口，从项目窗口中拖曳合成"烟花 2"到时间线上，起点为 3 秒，调整该图层的位置刚好与"粒子 01"的高点对齐，如图 7-75 所示。

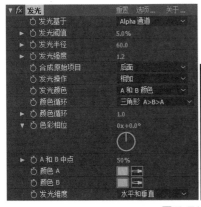

图 7-74　　　　　　　　　　　　　　　　　图 7-75

17 激活图层"粒子 01""烟花 2"以及合成的运动模糊属性，单击播放按钮▶，查看烟花的动画效果，如图 7-76 所示。

图 7-76

18 在时间线窗口中复制图层"烟花2"，调整该图层的终点为6秒，调整该图层的大小和位置，获得一个比较理想的构图，如图 7-77 所示。

图 7-77

19 为刚复制的"烟花2"添加"色相/饱和度"滤镜，设置具体参数，如图 7-78 所示。

20 在项目窗口中复制合成"烟花2"，重命名为"烟花3"，双击打开该合成的时间线窗口，选择图层"粒子02"，在效果控件面板中展开"重力"选项组中的"影响"选项，设置具体参数，如图 7-79 所示。

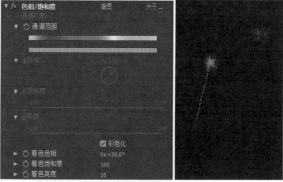

图 7-78

图 7-79

21 添加"颜色平衡 (HLS)"滤镜，调整色相，如图 7-80 所示。

22　激活合成"烟花"的时间线窗口，从项目窗口中拖曳合成"烟花 3"到时间线上，调整该图层的位置，获得比较理想的构图，如图 7-81 所示。

图 7-80　　　　　　　　　　　　　　　　　　　　　　图 7-81

23　激活图层"烟花 3"的运动模糊属性，单击播放按钮▶，查看完整的烟花效果，如图 7-82 所示。

图 7-82

24　因为粒子运动场创建的烟花是带有透明通道的，很方便添加夜空、城市或者其他比较暗的背景，如图 7-83 所示。

图 7-83

7.3.3　零落的标牌

技术要点：

（1）"碎片"滤镜——文字破碎效果。

（2）应用贴图控制文字破碎的顺序以及掉落的状态。

本例预览效果如图 7-84 所示。

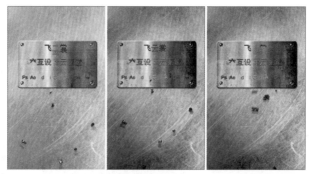

图 7-84

制作步骤：

01 启动 After Effects CC 2017，创建一个新的合成，命名为"零落字符"，设置合成尺寸和持续时间等参数，如图 7-85 所示。

02 选择文字工具，创建一个文本图层，输入字符并设置字符属性，如图 7-86 所示。

图 7-85

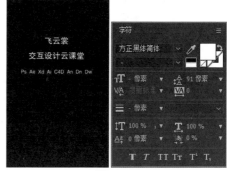

图 7-86

03 选择文本图层，进行预合成，重命名该预合成为"文本"。

04 新建一个黑色图层进行预合成，重命名为"笔画"，双击打开该合成的时间线，从项目窗口中拖曳合成"文本"到时间线的底层。

05 双击顶层的黑色图层，选择画笔工具，在预览窗口中显示两个视图，方便参照文字进行绘画，如图 7-87 所示。

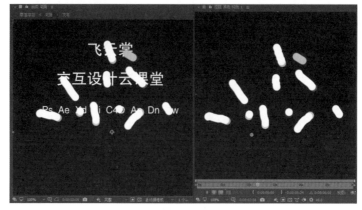

图 7-87

06　如果绘制的笔画和字符的位置关系不太理想，也可以在时间线窗口中展开画笔属性进行变换属性的调整，也可以调整笔画的亮度有所不同。

07　为顶层的黑色图层添加"梯度渐变"滤镜，设置参数，如图 7-88 所示。

图 7-88

08　激活合成"零落字符"的时间线，关闭图层"笔画"的可视性，为图层"文本"添加"碎片"滤镜，展开"渐变"选项组，指定渐变图层为"笔画"，并在合成的起点和终点设置"碎片阈值"的关键帧，数值分别为 0 和 100%，设置"视图"为"已渲染"选项，拖曳当前指针查看文字的破碎效果，如图 7-89 所示。

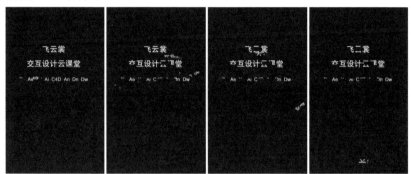

图 7-89

09　展开"形状"选项组，设置"图案"为"自定义"选项，并指定自定义碎片图为"文本"，这样就保证了碎块是单独的英文字母或汉字笔画，而不是随意的碎块，如图 7-90 所示。

图 7-90

10　展开"作用力 1"和"物理学"选项组，调整力学控制参数，获得比较理想的字符下落的动画效果，如图 7-91 所示。

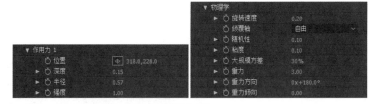

图 7-91

11 单击播放按钮▶，查看字符掉落的动画效果，能够看出前面绘制的白色笔画的作用就是用来控制破碎区域的，如图 7-92 所示。

图 7-92

12 导入纹理图片"锈铁 .jpg"和"锈铁 2.jpg"，放置于图层"文本"的下面并关闭可视性。在图层"文本"的"碎片"效果控件面板中，展开"纹理"选项组，设置颜色、不透明度和指定图层，如图 7-93 所示。

图 7-93

13 导入图片"铬钢 2.jpg"到时间线的底层作为背景，导入图片"铬钢牌 .psd"到"锈铁 2"的上一层。

14 打开"锈铁 2"的可视性，设置轨道蒙版模式为"Alpha 蒙版"，调整该图层的"不透明度"数值为65%，打开作为蒙版图层的"铬钢牌 .psd"的可视性，设置混合模式为"强光"，如图 7-94 所示。

图 7-94

15 选择"铬钢牌 .psd"，添加"曲线"滤镜，降低图层的亮度，如图 7-95 所示。

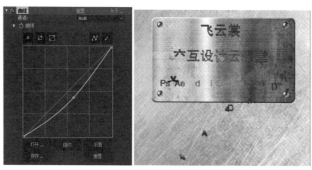

图 7-95

16 添加"投影"滤镜，设置具体参数，如图 7-96 所示。

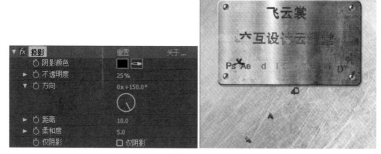

图 7-96

17 新建一个点光源，在合成预览视图中调整灯光的位置，然后在"碎片"效果控件面板中展开"灯光"选项组，设置"灯光类型"为"首选合成灯光"选项，如图 7-97 所示。

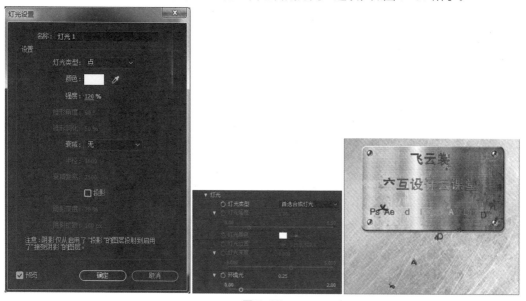

图 7-97

18 展开"材质"选项组，设置"镜面反射"的数值为 0.3，拖曳当前指针查看立体字符的掉落效果，如图 7-98 所示。

图 7-98

19 为了强化字符和碎块的立体感，为图层"文本"添加"斜面 Alpha"滤镜，设置具体参数，如图 7-99 所示。

20 添加"径向阴影"滤镜，在合成预览视图中调整"光源"的位置接近点光源的位置，设置其他阴影参数，如图 7-100 所示。

21 在时间线窗口中复制图层"文本"，重命名上面的图层为"文本 – 块"，在效果控件面板中，设置"碎片"滤镜的"渲染"选项为"块"，

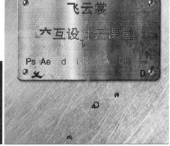

图 7-99

图 7-100

调整"径向阴影"滤镜的"投影距离"数值为 5，增大掉落字母与背景的距离感，如图 7-101 所示。

图 7-101

22 新建一个调整图层，绘制一个椭圆形蒙版，设置反转和羽化值为150，再添加"色阶"滤镜，降低亮度，形成暗角效果，如图7-102所示。

23 单击播放按钮▶，查看完整的金属牌字符掉落的动画效果，如图7-103所示。

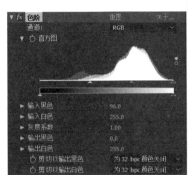

图7-102

图7-103

其实有了这种字符掉落的效果，也可以倒放过来使字符或Logo的组成元素拼成一个完整的标牌，读者可以自己尝试一下，一定要记住渐变图层上绘制白色笔画的区域就是破碎的区域。

7.3.4 文字成烟

技术要点：

(1)"碎片"滤镜——创建文字破碎成小颗粒的动画。

(2)"湍流置换"滤镜——创建烟雾缥缈的动画效果。

本例的预览效果如图7-104所示。

图7-104

制作步骤：

01 打开软件 After Effects CC 2017，创建一个新的合成，命名为"文字成烟"，设置合成尺寸和持续时间，如图 7-105 所示。

02 新建一个黑色图层，命名为"噪波"，添加"分形杂色"滤镜，设置参数，如图 7-106 所示。

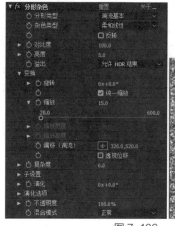

图 7-105   图 7-106

03 选择图层"噪波"进行预合成，自动命名为"噪波 合成 1"，双击打开该合成的时间线，新建一个白色图层放置于顶层，添加"线性擦除"滤镜，调整"擦除角度"的数值为 90°，分别在 1 秒和 5 秒设置"过渡完成"的关键帧，数值分别为 0 和 100%。拖曳当前指针，查看合成预览效果，如图 7-107 所示。

图 7-107

04 选择白色图层的混合模式为"亮光"，添加"色光"滤镜，设置具体参数，如图 7-108 所示。

05 添加"曲线"滤镜，稍提高亮度和对比度，如图 7-109 所示。

06 激活合成"文字成烟"的时间线，选择图层"噪波 合成 1"进行预合成，重命名为"紊乱"，双击打开该合成的时间线，选择图层"噪波 合成 1"，添加"湍流紊乱"滤镜，设

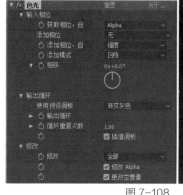

图 7-108

置参数并为"演化"添加表达式：time*100，如图 7-110 所示。

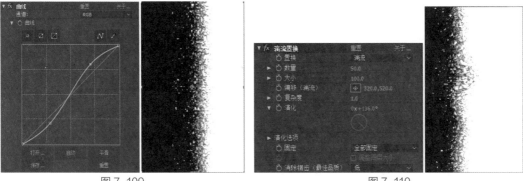

图 7-109　　　　　　　　　　　　　　　　　　　图 7-110

07　添加"高斯模糊"滤镜，设置"模糊度"的数值为 20，拖曳当前指针查看噪波紊乱的动画效果，如图 7-111 所示。

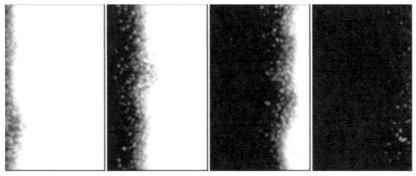

图 7-111

08　选择文字工具，输入字符 "flyingcloth xd studio"，选择字体为黑体，颜色为白色，并调整大小和位置，然后添加"斜面 Alpha"滤镜，设置"边缘厚度"的数值为 1，如图 7-112 所示

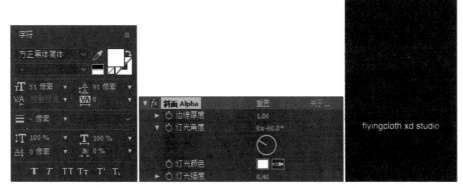

图 7-112

09　拖曳文本图层到"紊乱"的下一层，设置文字图层的轨道模式为"亮度"，拖曳当前指针，查看文字消逝的动画效果，如图 7-113 所示。

10　复制文字图层，选择下面的图层，添加"碎片"滤镜，设置"形状"和"物理学"选项组的参数，如图 7-114 所示。

图 7-113

图 7-114

11 展开"作用力 1"选项组，设置参数，在 1 秒位置添加"半径"的第一个关键帧，拖曳当前指针到 5 秒，调整"半径"的数值为 0.8，创建第二个关键帧，可以切换"视图"模式为"线框正视图 + 作用力"，拖曳当前指针查看作用力的情况，如图 7-115 所示。

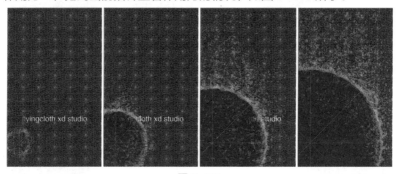

图 7-115

12 切换"视图"模式为"已渲染"，拖曳当前指针，查看文字破碎与文字消逝的步调是否接近，如果不太理想，可以调整作用力 1 的位置和"半径"关键帧，如图 7-116 所示。

图 7-116

13　新建一个调整图层，重命名为"模糊"，放置于破碎文字图层
的上一层，添加"复合模糊"滤镜，设置参数，如图 7-117 所示。

14　新建一个调整图层，重命名为"置换"，放置于"模糊"层的
上一层，复制图层"紊乱"并拖曳到"置换"层的上一层，设置"置换"
层的轨道模式为"亮度反转遮罩"，如图 7-118 所示。

图 7-117

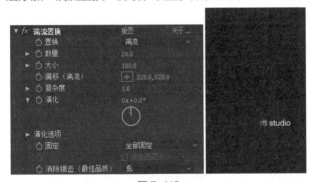

图 7-118

15　为"置换"层添加"湍流置换"滤镜，设置参数，如图 7-119 所示。

图 7-119

16　单击播放按钮▶，查看文字成烟的动画效果，如图 7-120 所示。

图 7-120

17　新建一个调整图层，放置于顶层，添加"曲线"滤镜，调整亮度稍增加一些烟雾的浓度，
如图 7-121 所示。

18 导入 Logo 图片到时间线的顶层，调整大小和位置，如图 7-122 所示。

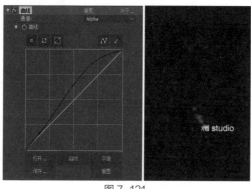

图 7-121　　　　　　　　　　　　　图 7-122

19 添加"CC 网格擦除"滤镜，设置参数，并在 1 秒和 2 秒设置"完成"的关键帧，数值分别为 0 和 100，如图 7-123 所示。

图 7-123

20 添加"填充"滤镜，分别在 15 帧和 1 秒设置"颜色"的关键帧，颜色分别为红色和白色。单击播放按钮▶，查看完整的文字成烟的页面动画效果，如图 7-124 所示。

图 7-124

21 从项目窗口中拖曳合成"文字成烟"到合成图标上，创建一个新的合成，重命名为"烟化成文字"，选择主菜单"图层"|"时间"|"启用时间重映射"命令，会自动在合成的起点和终点添加两个关键帧。

22 将首尾两个关键帧相互调换，这样就完成了倒放，如图 7-125 所示。

23 拖曳当前指针到 3 秒，再添加一个"时间重映射"的关键帧，然后将这个关键帧向前移动到 2 秒，这样烟雾刚汇聚时变快了，在文字成形的过程中变慢了，完成了无级变速。

图 7-125

24 单击播放按钮▶，查看完成烟雾汇聚成 Logo 的动画效果，如图 7-126 所示。

图 7-126

7.3.5　飘落的秋叶

技术要点：

(1)"碎片"滤镜——控制形状贴图和力学参数创建树叶飘落动画。

(2)"最小/最大"滤镜——修整通道以消除树叶的黑边。

本例预览效果如图 7-127 所示。

图 7-127

制作步骤：

01 启动软件 After Effects CC 2017，新建一个合成，命名为"风景"，设置合成的尺寸和持续时间等参数，如图 7-128 所示。

02 导入图片素材"秋景.jpg" "树枝.jpg""云.jpg"和"大雁飞.jpg",下面用这几张图片合成一个写意的秋景。

03 新建一个白色图层作为背景,拖曳图片"树枝.jpg"到时间线上,调整位置和大小,如图 7-129 所示。

04 添加"线性擦除"滤镜,设置具体参数,使图片与背景很好地融合,如图 7-130 所示。

05 拖曳图片"云.jpg"到时间线上,调整位置和大小,设置混合模式为"较深的颜色",如图 7-131 所示。

图 7-128

图 7-129

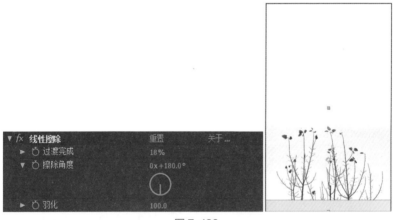

图 7-130

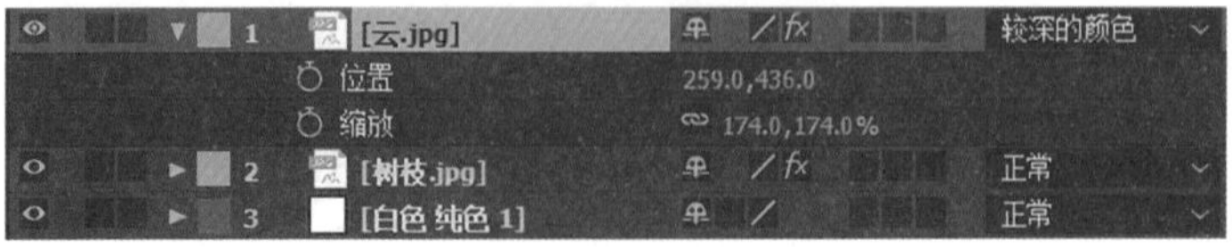

图 7-131

06 添加"线性擦除"滤镜,设置具体参数,使图片与背景很好地融合,如图 7-132 所示。

07 拖曳图片"秋景.jpg"到时间线上,调整位置和大小,设置混合模式为"较深的颜色",如图 7-133 所示。

08 两次添加"线性擦除"滤镜,设置参数,使图片与背景很好地融合,如图 7-134 所示。

图 7-132

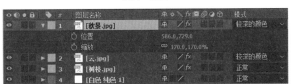

图 7-133

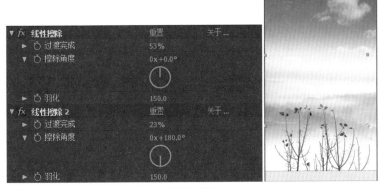

图 7-134

09 添加 "色相 / 饱和度" 滤镜，调整山的色调，如图 7-135 所示。

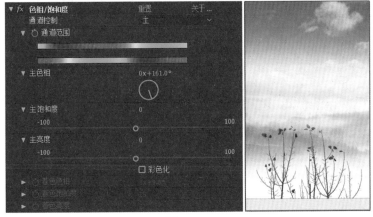

图 7-135

10 拖曳图片"大雁飞.jpg"到时间线上，调整位置和大小，设置混合模式为"颜色加深"，如图 7-136 所示。

图 7-136

11 在项目窗口中拖曳合成"风景"到合成图标上，创建一个新的合成，重命名为"落叶"，导入图片"树叶.jpg"和"树叶蒙版"到时间线上，关闭"树叶蒙版"的可视性。

12 在时间线窗口中选择图层"树叶.jpg"，选择主菜单"图层"|"变换"|"适合复合高度"命令，指定放大该图层。

13 添加"碎片"滤镜，选择"视图"为"已渲染"选项，展开"形状"选项组，设置具体参数，如图7-137 所示。

14 为了保证破碎分散的树叶不粘连在一起，在 Photoshop 中

图 7-137

检查图片"树叶蒙版.jpg"，白色的树叶之间不能相互连接，如果有可以用黑色笔刷直接修改就好了，如图 7-138 所示。

15 切换回到 After Effects 的工作界面，在效果控件面板中展开"作用力"和"物理学"选项组，进行参数设置，如图 7-139 所示。

图 7-138

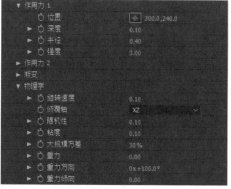

图 7-139

16 新建一个 28mm 的摄像机，然后在"碎片"的效果控件面板中指定"合成摄像机"，这样就可以选择摄像机工具直接调整构图，如图 7-140 所示。

图 7-140

17 在时间线窗口中复制图层"树叶",重命名为"树叶-通道",添加"最小/最大"滤镜,设置参数,如图 7-141 所示。

18 选择图层"树叶",设置轨道蒙版模式为"Alpha 遮罩",消除了树叶边缘的黑色,如图 7-142 所示。

19 新建一个浅黄色图层,绘制一个矩形蒙版,勾选"反转"选项,作为一个卡片夹,如图 7-143 所示。

图 7-141

图 7-142　　　　图 7-143

20 添加"斜面 Alpha"滤镜,接受默认值即可,添加两次"径向阴影"滤镜,设置参数,增强卡片夹的立体感,如图 7-144 所示。

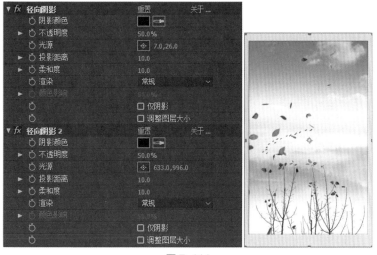

图 7-144

21 选择文字工具,创建一个文本图层,选择字体,调整大小和位置,如图 7-145 所示。

22 调整文本图层的起点为 4 秒，添加"CC 行擦除"滤镜，设置参数，如图 7-146 所示。

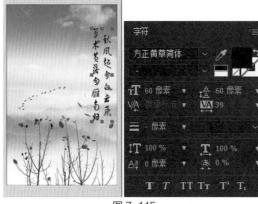

图 7-145   图 7-146

23 分别在 4 秒和 4 秒 20 帧设置"完成"的关键帧，数值分别为 100% 和 0，单击播放按钮 ▶，查看秋天落叶的页面效果，如图 7-147 所示。

图 7-147

7.4 本章小结

本章主要讲述了 After Effects CC 的超级粒子功能和破碎效果，对各项控制参数进行了全面的解释，使读者在掌握理论技术的基础上逐步领悟基本的控制技巧，最后通过典型实例的制作学会综合控制粒子和破碎效果的技术，掌握如何才能获得自己需要的视觉效果的技巧，做到组合运用创建精彩效果。

第8章　典型插件特效

本章主要讲解 After Effect CC 中典型的插件。为了提高制作效率，获得比较理想的效果，使用插件无疑是一个巧妙的办法。本章就以几组常用的插件为例讲述插件的特殊功能。

8.1 CC 插件组

Cycore Effects HD 插件组中包含共 60 多种滤镜，其速度、效果和易用性都很好，在此重点讲述一下针对图像变形、模拟自然效果、光线、过渡特效等几个滤镜。

8.1.1 CC 插件简介

1. "扭曲" 滤镜组

在 "扭曲" 滤镜组中共包含十多个 CC 插件，其中包括波纹脉冲、动力角点、分割、卷页、两点扭曲、平铺、倾斜、融化溅落点、透镜、涂抹、弯曲、网格变形等。效果缩略图如图 8-1 所示。

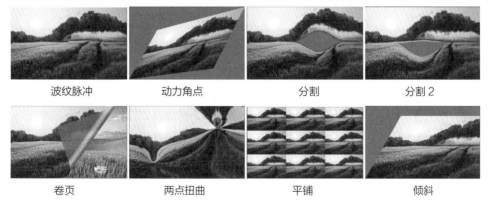

波纹脉冲　　　　动力角点　　　　　分割　　　　　分割 2

卷页　　　　　两点扭曲　　　　　平铺　　　　　倾斜

图 8-1

融化溅落点　　　　　　　透镜　　　　　　　　涂抹

弯曲　　　　　　　　弯曲器　　　　　　　网格变形

图 8-1(续)

2. "模拟" 滤镜组

在 "模拟" 滤镜组中包含十多个 CC 插件，其中包括星爆、雨雪、粒子、毛发、泡泡、散射、水银变形、细雨滴、像素多边形等。效果缩略图如图 8-2 所示。

Star Burst　　　　滚珠操作　　　　　降雪　　　　　　降雨

粒子仿真世界　　　粒子世界　　　　　毛发　　　　　　泡泡

散射　　　　　水银变形　　　　细雨滴　　　　像素多边形

图 8-2

3. "生成" 滤镜组

在 "生成" 滤镜组中包含 5 个 CC 插件，主要是光线、螺纹和喷胶枪等。效果缩略图如图 8-3 所示。

光线扫射　　　　　　光线照射　　　　　　螺纹

图 8-3

喷胶枪　　　　　　　　　　　突发光 2.5

图 8-3（续）

4. "过渡"滤镜组

在"过渡"滤镜组中包含 10 个 CC 插件，其中包括玻璃状擦除、光线擦除、径向缩放擦除、龙卷风、翘曲过渡、图像式擦除和网格擦除等。效果缩略图如图 8-4 所示。

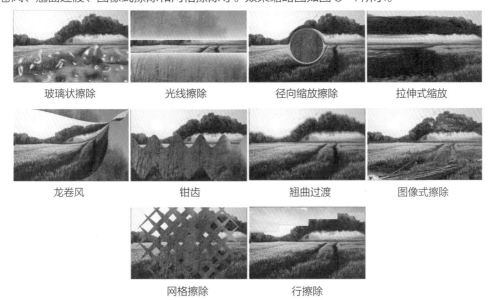

玻璃状擦除　　　　　　光线擦除　　　　　　径向缩放擦除　　　　　拉伸式缩放

龙卷风　　　　　　　　钳齿　　　　　　　　翘曲过渡　　　　　　图像式擦除

网格擦除　　　　　　　行擦除

图 8-4

5. "风格化"滤镜组

在"风格化"滤镜组中包含 11 个 CC 插件，其中包括 RGB 阈值、玻璃、塑胶、万花筒、形状颜色映射和重复平铺等。效果缩略图如图 8-5 所示。

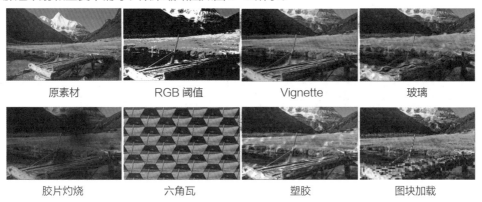

原素材　　　　　　RGB 阈值　　　　　　Vignette　　　　　　玻璃

胶片灼烧　　　　　六角瓦　　　　　　塑胶　　　　　　图块加载

图 8-5

  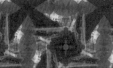 

| 万花筒 | 形状颜色映射 | 重复平铺 | 阈值 |

图 8-5(续)

8.1.2 油漆 Logo 效果

技术要点：

(1)"残影"滤镜——创建油漆涂刷的痕迹。

(2)"CC 玻璃"滤镜——创建流体黏稠的厚重感，增强真实感。

本例的预览效果如图 8-6 所示。

图 8-6

制作步骤：

01 打开软件 After Effects CC 2017，创建一个新的合成，命名为"油漆 logo"，设置合成的尺寸和持续时间等参数，如图 8-7 所示。

02 新建一个灰色图层，添加"分形杂色"滤镜，设置具体参数，如图 8-8 所示。

图 8-7

图 8-8

03 选择灰色图层，进行预合成，重命名为"纹理"，关闭其可视性。

04 导入图片"logo2.psd"并添加到时间线上，调整"缩放"的数值为 80%，分别在图层的起点和 2 秒 10 帧设置 "位置" 的关键帧，创建 Logo 图形由屏幕顶端向下运动出屏的动画，如图 8-9 所示。

05 在时间线窗口中复制图层 Logo，调整该图层的起点为 2 秒 10 帧，并整体调整 Logo 图层到屏幕的右端，如图 8-10 所示。

06 再复制一个 Logo 图层，调整该图层的起点为 4 秒 10 帧，调整 Logo 图层到屏幕的中心，如图 8-11 所示。

图 8-9　　　　　　　　　图 8-10　　　　　　　　　图 8-11

07 拖曳当前指针，查看 Logo 图形的动画效果，如图 8-12 所示。

图 8-12

08 新建一个调整图层，将其命名为 "油漆效果"，添加 "残影" 滤镜，具体参数设置如图 8-13 所示。

图 8-13

09 添加 "高斯模糊" 滤镜，设置 "模糊度" 为 12，添加 "CC 玻璃" 滤镜，选择 "凹凸贴图" 选项为 "纹理"，设置其他参数如图 8-14 所示。

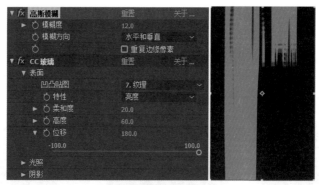

图 8-14

10 添加"毛边"滤镜，设置具体参数，如图 8-15 所示。

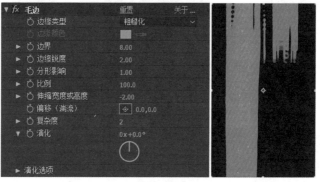

图 8-15

11 添加"斜面 Alpha"滤镜，设置具体参数，如图 8-16 所示。

12 新建一个调整图层，重命名为"调色"，添加"CC 调色"滤镜，设置具体参数，如图 8-17 所示。

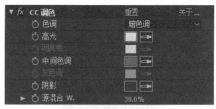

图 8-16   图 8-17

13 新建一个合成，命名为"logo 合成"，从项目窗口中拖曳图片"logo2.psd"到时间线上，调整图层的"缩放"数值为 80%。

14 激活合成"油漆 logo"的时间线，拖曳合成"logo 合成"到时间线上，关闭其可视性，新建一个调整图层，重命名为"logo 凸起"，添加"CC 玻璃"滤镜，设置具体参数，如图 8-18 所示。

15 在项目窗口中拖曳合成"油漆 logo"到合成图标上，创建一个新的合成，重命名为"最终油漆 logo"，添加一个木板图片到时间线的底层。

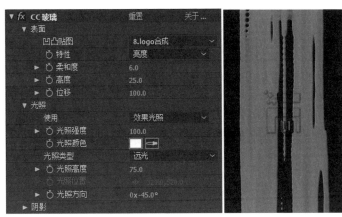

图 8-18

16 拖曳合成"logo 合成"到"木板"图层的上一层，添加"查找边缘"滤镜，设置图层的混合模式为"相乘"，如图 8-19 所示。

17 添加"最小 / 最大"滤镜，设置具体参数，如图 8-20 所示。

图 8-19

图 8-20

18 添加"高斯模糊"滤镜，设置"模糊度"为 6。

19 选择图层"油漆 logo"，添加"投影"滤镜，设置具体参数，如图 8-21 所示。

图 8-21

20 单击播放按钮 ▶，查看最终油漆 Logo 的动画效果，如图 8-22 所示。

图 8-22

8.1.3 泡泡文字

技术要点：

（1）"泡沫"滤镜——制作上升的气泡，并设置字符作为气泡纹理贴图。

（2）"凸出"滤镜——创建文字透镜变形效果。

本例的预览效果如图 8-23 所示。

图 8-23

制作步骤：

01 启动软件 After Effects CC 2017，创建一个新的合成，命名为"泡泡"，设置合成的尺寸和持续时间等参数，如图 8-24 所示。

02 选择文字工具，输入字符"飞云裳"，选择合适的字体和字号，设置颜色为白色，如图 8-25 所示。

图 8-24

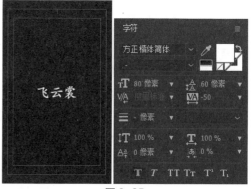

图 8-25

03 添加"凸出"滤镜，设置具体参数，如图 8-26 所示。

04 选择文本图层进行预合成，关闭其可视性。

05 新建一个浅灰色图层，重命名为"粒子泡"，添加"CC 粒子世界"滤镜，设置"出生率"为 0.2，增加"生命"的数值为 6，展开"制作点""物理"和"粒子"选项组，设置参数，如图 8-27 所示。

图 8-26

图 8-27

06 拖曳当前指针查看粒子泡的动画效果，如图 8-28 所示。

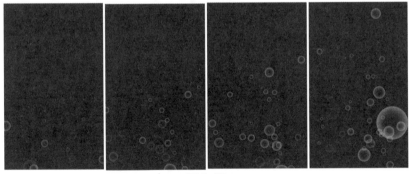

图 8-28

07 复制图层"粒子泡"，重命名为"粒子文字"，设置图层的混合模式为"屏幕"，在效果控件面板中，选择"粒子类型"为"方形纹理"，指定"纹理图层"为文本图层"飞云裳 合成1"，如图 8-29 所示。

图 8-29

08 新建一个调整图层，添加"三色调"滤镜，设置具体参数，如图 8-30 所示。

09 在项目窗口中拖曳合成"泡泡"到合成图标上，创建一个新的合成，重命名为"最终泡泡文字"。

10 导入一张风光图片并添加到时间线的底层，选择主菜单"图层"|"变换"|"适合复合高度"命令，然后进行预合成。

图 8-30

11 选择顶层的"泡泡"，设置图层混合模式为"相加"，添加"湍流置换"滤镜，设置具体参数，如图 8-31 所示。

图 8-31

12 选择底层，添加"高斯模糊"滤镜，设置"模糊度"为 5，为了模拟花草因为泡泡产生的折射变形，再添加"置换图"滤镜，设置具体参数，如图 8-32 所示。

13 单击播放按钮▶，查看泡泡文字的动画效果，如图 8-33 所示。

图 8-32

图 8-33

8.2 Trapcode 插件组

8.2.1 插件简介

Trapcode 套装是由 Red Giant Software 红巨星软件公司发布的插件合集，由运动图形和视觉特效师 Peder Norrby 开发，是专为行业标准而设计，功能强大，能够灵活创建美丽而逼真的效果。同时该套装拥有更为强大的粒子系统、三维元素以及体积灯光，让用户在 After Effects 中能够随心所欲地创建理想的 3D 场景。新版的 Particular 4、Form 4 和 Mir 3 均有较大更新，粒子插件添加了流体动力学，增加更多预设。

Trapcode 套装包括十多个特效滤镜，在交互效设计中经常用到的有以下几种：Trapcode Tao 1.2.3 三维几何图形插件、Trapcode Particular 4.0.0 超炫粒子插件、Trapcode Form 4.0.0 三维空间粒子插件、Trapcode Mir 3.0.0 三维图形插件、Trapcode Shine 2.0.4 放射光插件、Trapcode 3D Stroke 2.7.3 3D 路径描边插件和 Trapcode Starglow 1.7.4 星光插件。

效果缩略图如图 8-34 所示。

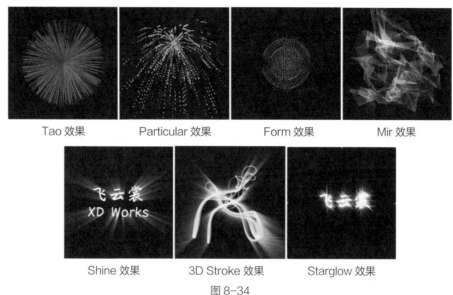

| Tao 效果 | Particular 效果 | Form 效果 | Mir 效果 |

| Shine 效果 | 3D Stroke 效果 | Starglow 效果 |

图 8-34

8.2.2 流光溢彩

技术要点：

(1) 3D Stroke——创建沿路径勾边的动画。

(2) Starglow——创建七彩光芒效果。

本例预览效果如图 8-35 所示。

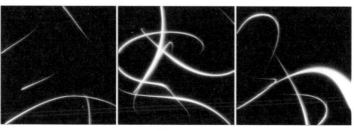

图 8-35

制作步骤:

01 打开软件 After Effects CC 2017,创建一个新的合成,命名为"流光溢彩", 设置合成的尺寸和持续时间等参数,如图 8-36 所示。

02 新建一个黑色图层,选择钢笔工具,绘制一条自由路径,如图 8-37 所示。

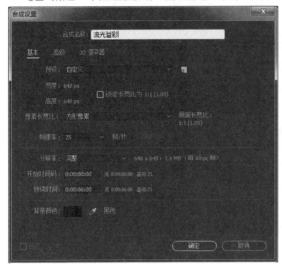

图 8-36

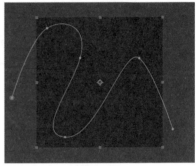

图 8-37

03 添加 3D Stroke 滤镜,设置"厚度"为 4,展开"锥度"选项组,勾选"启用"选项,设置"开始大小"的数值为 5,"终止大小"的数值为 5,如图 8-38 所示。

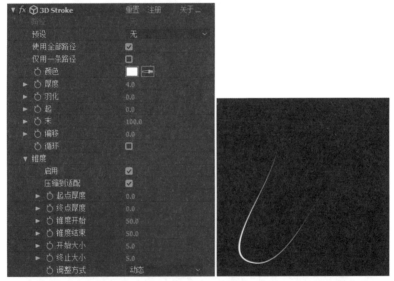

图 8-38

04 展开"变换"选项组,设置"弯曲角度"的数值为 45°,展开"重复"选项组,勾选"启用"选项,设置旋转的数值,如图 8-39 所示。

05 设置光线动画。勾选"循环"选项,分别在合成的起点和终点设置"偏移"的关键帧,数值分别为 −60 和 75,设置"弯曲"的关键帧,数值分别为 2.0 和 0。单击播放按钮▶,查看光线的效果,如图 8-40 所示。

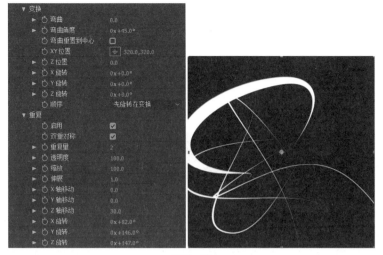

图 8-39

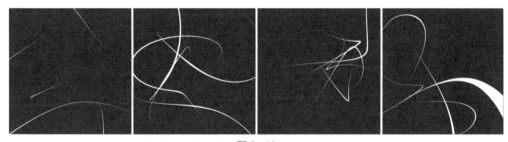

图 8-40

06 添加一个星光滤镜 Starglow，设置具体参数，如图 8-41 所示。

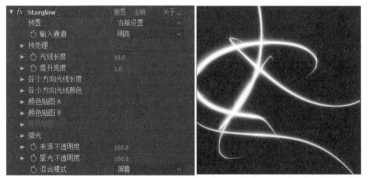

图 8-41

07 单击播放按钮▶，查看流光溢彩的动画效果，如图 8-42 所示。

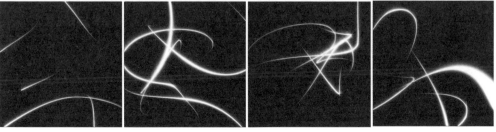

图 8-42

8.2.3 炫彩 Logo

技术要点：

(1) Particular 滤镜——以彩色 Logo 图层作为发射器创建彩色粒子效果。

(2) 通过设置粒子物理学参数控制粒子的运动行为。

本例的粒子动画预览效果如图 8-43 所示。

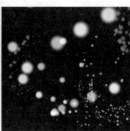

图 8-43

制作步骤：

01 运行 After Effects CC 2017 软件，新建一个合成，命名为"炫彩 logo"，设置合成尺寸和持续时间等参数，如图 8-44 所示。

02 导入 Logo 图片并添加到时间线上，调整"缩放"的数值为 50%。

03 新建一个调整图层，添加"填充"滤镜，设置颜色为白色，为调整图层绘制一个矩形蒙版，如图 8-45 所示。

04 选择文字工具，输入字符"飞云裳交互设计工作室"，颜色为蓝色，设置字体和大小等参数，如图 8-46 所示。

图 8-44

图 8-45

图 8-46

05 选择这 3 个图层，进行预合成，重命名为"彩色 logo"，如图 8-47 所示。

06 选择图层"彩色 Logo"，激活其 3D 属性，关闭该图层的可视性。

07 新建一个黑色图层，命名为"粒子"，添加 Particular 滤镜。展开"发射器"选项组，选择"发射器类型"为"图层网格"，设置"速率"和"随机速率"数值均为 0，如图 8-48 所示。

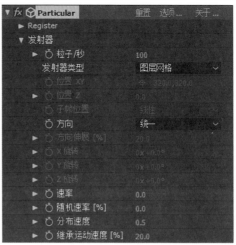

图 8-47　　　　　　　　　　　　　　　　图 8-48

08 展开"发射图层"选项组，选择"图层"为"彩色 logo"，展开"网格发射"选项组，设置"X 方向粒子数"为 200，"Y 方向粒子数"为 200，如图 8-49 所示。

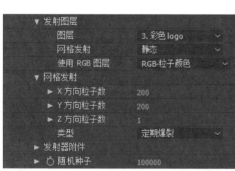

图 8-49

09 展开"粒子"选项组，设置"生命""尺寸"等参数，如图 8-50 所示。

10 展开"物理学"| Air 选项组，设置"风向 X"为 30、"风向 Y"为 10、"风向 Z"为 50，展开"扰乱场"选项组，设置"影响大小"的数值为 20，"影响位置"的数值为 1800，如图 8-51 所示。

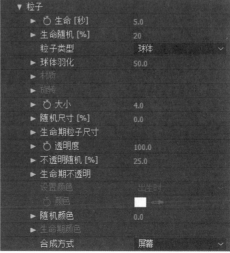

图 8-50

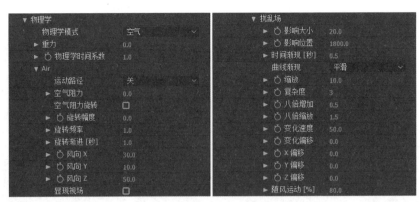

图 8-51

11 单击播放按钮▶，查看彩色粒子的动画效果，如图 8-52 所示。

图 8-52

12 拖曳当前时间线指针到 3 秒，激活"风向 X""风向 Y""风向 Z""影响大小"和"影响位置"的关键帧记录器，创建关键帧，拖曳时间线指针到 1 秒，设置"风向 X""风向 Y""风向 Z""影响大小"和"影响位置"的参数值均为 0。

13 新建一个 24mm 的摄像机，拖曳当前指针到 2 秒，创建"目标点"和"位置"的关键帧，拖曳当前指针到 4 秒，选择摄像机工具调整视图，创建第二个关键帧，如图 8-53 所示。

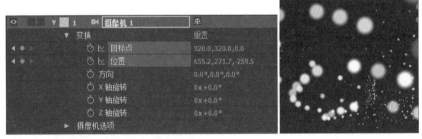

图 8-53

14 单击播放按钮▶，查看彩色粒子的动画效果，如图 8-54 所示。

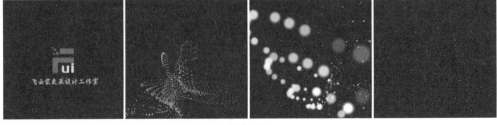

图 8-54

15 在项目窗口中拖曳合成"炫彩 logo"到合成图标上，创建一个新的合成，选择图层"炫彩 Logo"，选择主菜单"图层"|"时间"|"时间反向图层"命令，单击"播放"按钮▶，查看最终炫彩 Logo 的动画效果，如图 8-55 所示。

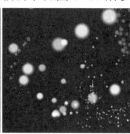

图 8-55

8.2.4　晶格背景

技术要点：

(1) Mir 滤镜——创建立体晶格效果。

(2) 通过设置摄像机的运动获得晶格的动画效果。

本例的动画预览效果如图 8-56 所示。

图 8-56

制作步骤：

01 打开 After Effects CC 2017 软件，新建一个合成，命名为"晶格"，设置合成的尺寸和持续时间等参数，如图 8-57 所示。

02 新建一个黑色图层，选择主菜单"效果" | Trapcode | Mir 命令，添加 Mir 滤镜，默认效果如图 8-58 所示。

图 8-57

03 展开"几何体"选项组，具体参数设置如图 8-59 所示。

04 新建一个 24mm 的摄像机，选择摄像机工具，调整摄像机的位置，如图 8-60 所示。

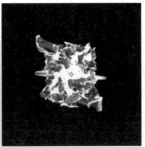

图 8-58

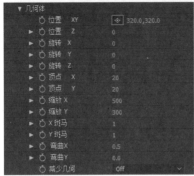
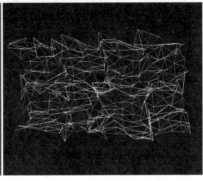

图 8-59

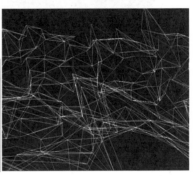

图 8-60

05 导入一张图片"花草 2.jpg"并添加到时间线的底层，关闭其可视性。

06 选择黑色图层，在效果控件面板中，展开"明暗器"
选项组，选择"显示方式"为"线框"，展开"纹理"选项组，
指定纹理层为花草，设置纹理尺度，如图 8-61 所示。

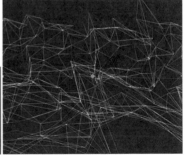

图 8-61

07 展开"材质"选项组，设置颜色为浅青色，如图 8-62 所示。

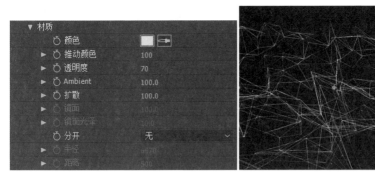

图 8-62

08 展开"分形"选项组，设置"几何细节""弯曲 X"和"频率细节"的数值分别为 4、0.4 和 1500，如图 8-63 所示。

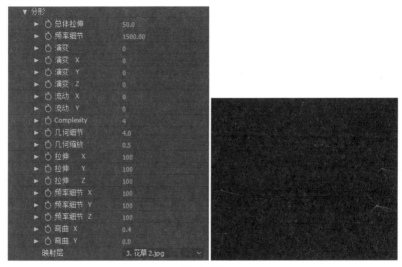

图 8-63

09 在合成的起点设置"流动 X"和"流动 Y"的关键帧，数值均为 0，在合成的终点设置关键帧，数值分别为 150 和 5。单击播放按钮▶，查看晶格的动画效果，如图 8-64 所示。

图 8-64

10 在时间线窗口中复制黑色图层，展开"明暗器"选项组，选择"显示方式"为"粒子"，设置"粒子大小"为 3，如图 8-65 所示。

11 新建一个调整图层，添加一个发光滤镜 Starglow，设置具体参数，如图 8-66 所示。

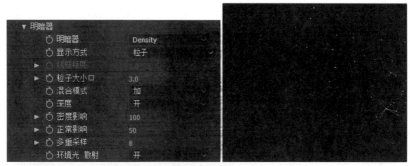

图 8-65

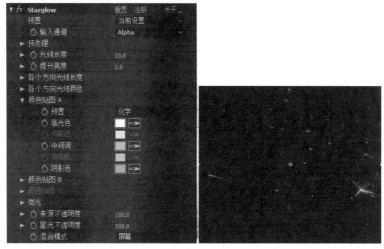

图 8-66

12 拖曳当前指针到合成的起点，激活摄像机的"目标点"和"位置"的关键帧，拖曳当前指针到合成的终点，选择摄像机工具，调整摄像机位置，如图 8-67 所示。

图 8-67

13 单击播放按钮，查看最终的晶格动画效果，如图 8-68 所示。

图 8-68

8.2.5　字烟缥缈

技术要点：

(1)"写入"滤镜——创建沿文字笔画书写的动画。

(2) Particular 滤镜——粒子发射器与笔画同步动画创建缥缈的烟。

本例的动画预览效果如图 8-69 所示。

图 8-69

制作步骤：

01　打开软件 After Effects CC 2017，创建一个新的合成，命名为"字烟"，设置合成的尺寸和持续时间等参数，如图 8-70 所示。

02　选择文字工具，输入字符"VFX"，选择合适的字体、字号、颜色和勾边，如图 8-71 所示。

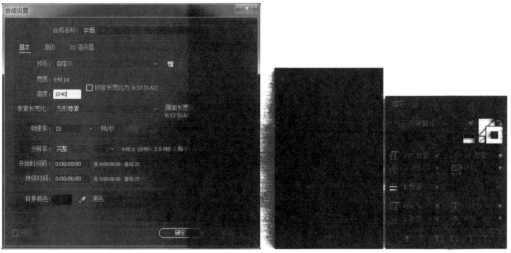

图 8-70　　　　　　　　　　　　　　　　　图 8-71

03　新建一个黑色图层，放置于底层，选择这两个图层，进行预合成，命名为"文字"。

04　选择"文字"图层，添加"写入"滤镜。调整"画笔大小"参数值为 8，选择"绘画样式"为"在原始图像上"选项，将笔刷放置在文本的起点，激活"画笔位置"的关键帧记录器，如图 8-72 所示。

05　在视图中沿着文字的轮廓不断调整笔刷的位置，创建勾勒文本的动画，如图 8-73 所示。

06　选择笔画切换的时间点，将关键帧切换为定格关键帧，这样就可以做到连续书写笔画，又能在需要断笔的位置改变画笔位置，如图 8-74 所示。

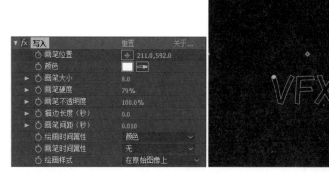

图 8-72

图 8-73

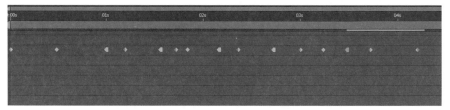

图 8-74

07 拖曳当前指针，查看写入动画效果，如图 8-75 所示。

图 8-75

08 在效果控件面板中选择"绘画样式"为"显示原始图像"，调整"画笔大小"的数值为
10，拖曳时间线，查看文字的书写动画效果，如图 8-76 所示。

图 8-76

09 新建一个黑色图层，命名为"粒子"，添加 Particular 滤镜。在时间线窗口中展开"发
射器"选项组，为"位置 XY"创建表达式，链接到"文字"图层的"写入"滤镜中的"画笔位置"

属性。拖曳当前时间线指针，可看到粒子发射器跟随着书写笔画发射粒子的情况，如图 8-77 所示。

图 8-77

10 设置"速率"的数值为 0，增加粒子发射的数量，设置"粒子 / 秒"为 1000，查看粒子效果，如图 8-78 所示。

图 8-78

11 在"粒子"选项组中设置"大小""生命"等参数，如图 8-79 所示。

12 展开"物理学"| Air |"扰乱场"选项组，设置"影响位置"为 300。拖曳时间线指针，查看粒子的动画效果，如图 8-80 所示。

13 调整"速率"的数值到 10，降低"继承运动速度"和"随机速率"的值均为 0，设置"粒子 / 秒"的数值为 10000，如图 8-81 所示。

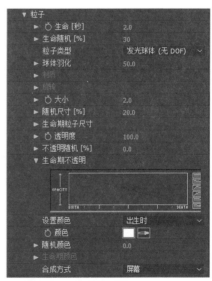

图 8-79

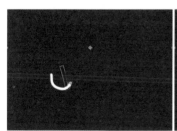

图 8-80

图 8-81

14 展开"粒子"选项组，设置"不透明度"为 20%，降低"大小"的值为 1，如图 8-82 所示。

图 8-82

15 为了获得更理想的烟雾效果，根据需要调整"物理学"选项组中的参数，如图 8-83 所示。

16 在文本书写结束的时候使粒子淡出，设置"粒子 / 每"的关键帧，在 3 秒 15 帧时数值为 10000，在 4 秒 05 帧时为 0。

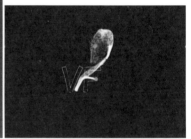

图 8-83

17 新建一个黑色图层，放置于底层，添加"梯度渐变"滤镜，设置具体参数，如图 8-84 所示。

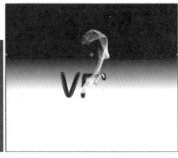

图 8-84

18 选择该黑色图层，进行预合成，重命名为"渐变"，关闭其可视性。

19 选择图层"粒子"，添加"复合模糊"滤镜，设置参数，如图 8-85 所示。

图 8-85

20　激活合成和"粒子"图层的运动模糊属性，单击播放按钮▶，查看字烟缭绕的动画效果，如图 8-86 所示。

图 8-86

8.3 其他视效插件

8.3.1　Optical 光斑

Optical Flares 是 Video Copilot 出品的光斑插件，内置了相当丰富的光斑预设，方便快捷，大大提高了工作效率，当然也可以进行自定义设置。

先 来 看 看 Optical Flares 预设效果以及自己定制的流程。

制作步骤：

01　打开软件 After Effects CC 2017，创建一个新的合成，重命名为"光斑"，设置合成的尺寸和持续时间等参数，如图 8-87 所示。

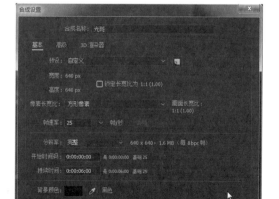

图 8-87

02　新建一个黑色图层，选择主菜单"效果"|Video Copilot | Optical Flares 命令，添加光斑滤镜，如图 8-88 所示。

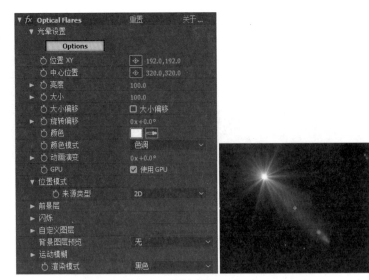

图 8-88

03 在效果控件面板中，单击 Options 按钮，打开光斑设置面板，如图 8-89 所示。

图 8-89

04 在右下角的预设面板中选择合适的光斑类型，如图 8-90 所示。

05 单击右上角的 OK 按钮，关闭光斑设置面板，查看效果控件面板和合成预览效果，如图 8-91 所示。

06 在效果控件面板中调整"亮度"和"大小"的值，在合成预览视图中调整光斑的位置，如图 8-92 所示。

07 还可以调整"颜色"为青色，在合成的起点激活"动画演变"的关键帧，在合成的终点调整"动画演变"的数值为 360°，查看光斑的动画效果，如图 8-93 所示。

图 8-90

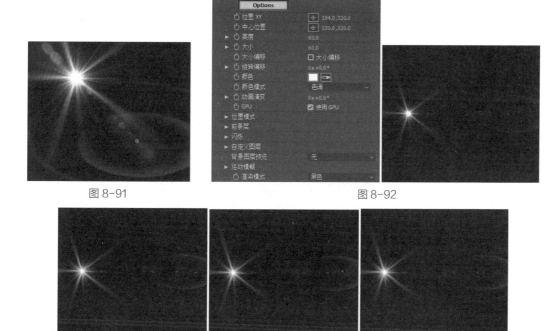

图 8-91　　　　　　　　　　　　　　　　　　　图 8-92

图 8-93

08 展开"位置模式"选项组，选择"来源类型"选项为 3D，然后添加一个 35mm 的摄像机，选择摄像机工具可以创建光斑的动画效果，如图 8-94 所示。

图 8-94

09 展开"闪烁"选项组，设置"速度"和"数值"参数分别为 50 和 20，单击播放按钮 ▶，查看光斑闪烁的动画效果，如图 8-95 所示。

图 8-95

10 选择了光斑预设之后，可以在光斑编辑器中进行编辑，比如选择了一个预设，隐藏部分光晕，如图 8-96 所示。

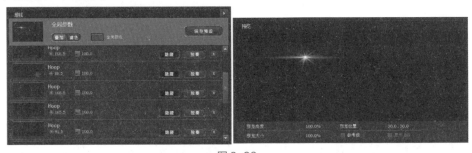

图 8-96

11 调整元素大小和形状以及光斑的颜色等，如图 8-97 所示。

12 选择主菜单"文件"|"保存预设"命令，将调整好的光斑进行重命名，如图 8-98 所示。

13 单击 OK 按钮关闭"保存预设"对话框，单击"预设浏览器"按钮，可以在自定义预设文件夹中找到刚才保存的光斑预设，如图 8-99 所示。

图 8-97

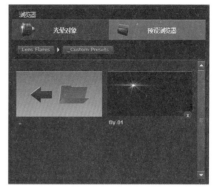

| 图 8-98 | 图 8-99 |

14　新建一个黑色图层，添加刚才保存的光斑预设，然后再调整光斑的位置、大小和亮度，并设置"旋转偏移"的关键帧。单击播放按钮▶，查看光斑的动画效果，如图 8-100 所示。

图 8-100

> **提示**：制作光斑效果的滤镜有很多，例如 Knoll Light Factory 同样用于十分丰富的光斑预设。

8.3.2　Newton 动力学特效

Motion Boutique Newton 是 After Effects 的第一款动力学插件，使 After Effects 合成中的 2D 图层作为刚体在真实环境中进行交互。牛顿插件提供了许多模拟控制器，如主体属性（类型、密度、摩擦、反弹力和速度等）和全局属性（重力、解算器），并且允许主体之间的关节的创建。一旦模拟完成后，可以在 After Effects 中创建标准关键帧动画。一旦模拟完成后，动画便会在 After Effects 中重新生成标准关键帧，这对于喜爱制作动画尤其是 MG 的设计师们来说是一款难得的高效工具。

下面通过简单的案例讲解一下 Newton 插件的工作流程。

制作步骤：

01　打开软件 After Effects CC 2017，新建一个合成，重命名为"牛顿 01"，设置合成的尺寸和持续时间等参数，如图 8-101 所示。

图 8-101

02 导入 Logo 图片并拖曳到时间线上，然后参照 Logo 图形绘制多个图形，如图 8-102 所示。

图 8-102

03 关闭 Logo 图片的可视性，绘制一个容器图形，如图 8-103 所示。

04 选择文字工具，输入字符"飞云裳"，设置字体、字号和颜色，如图 8-104 所示。

图 8-103

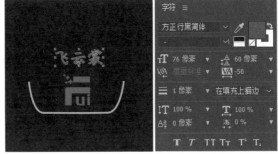

图 8-104

05 选择主菜单"合成"| Newton 3 命令，打开 Newton 编辑器，如图 8-105 所示。

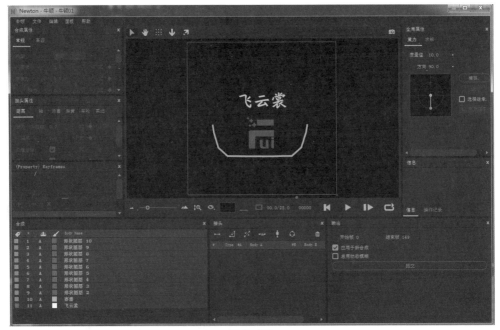

图 8-105

06 在"合成"元素列表中选择"容器"，在"常规"属性面板中指定"类型"为"静态"，如图 8-106 所示。

图 8-106

07 单击播放按钮▶，查看动力学预览效果，如图 8-107 所示。

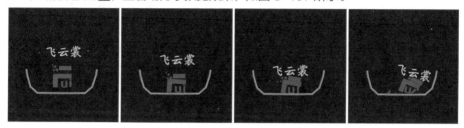

图 8-107

08 在编辑窗口中调整文字和容器的位置，重新播放，查看动力学预览效果，如图 8-108 所示。

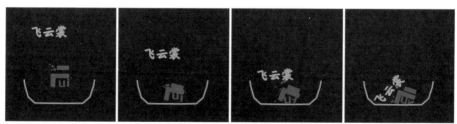

图 8-108

09 再新建一个合成，重命名为"牛顿 02"，用 Logo 图片、文字和线条进行组合，如图 8-109 所示。

10 选择主菜单"合成" | Newton 3 命令，打开 Newton 编辑器，指定"形状图层 5"的"类型"为静态，然后选择其余的 4 个元素，单击"加 Blod 接头"按钮，将这 4 个元素连接起来，如图 8-110 所示。

图 8-109

11 选择 Logo，选择速度工具，调整速度大小和方向，赋予 Logo 一个初始速度，如图 8-111 所示。

图 8-110   图 8-111

12 单击播放按钮▶️，查看动力学预览效果，如图 8-112 所示。

图 8-112

13 感觉动画效果比较满意的话，选择主菜单"文件"|"保存设置"命令，指定存储的文字和名称，如图 8-113 所示。

14 在"输出"控制面板中单击"提交"按钮，等待运算，如图 8-114 所示。

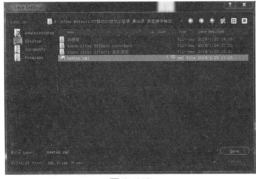

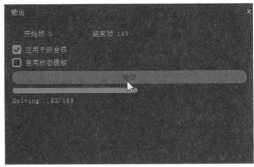

图 8-113   图 8-114

15 待运算完成，自动关闭 Newton 编辑器窗口，在项目窗口中添加一个新的合成，双击打开该合成的时间线，单击播放按钮▶️，查看动力学预览效果，如图 8-115 所示。

图 8-115

8.3.3　Plexus 点线空间

Plexus 是 After Effects 中的一款新一代超强的点线面三维粒子插件，更强大，渲染更快，操作更简洁，可以通过创建和操作程序的方式实现数据可视化。不仅可以渲染粒子，也可以在创造各种有趣的关系的基础上，利用线和三角形的各种参数，轻松创建个性、漂亮的动画。Plexus 工作流程非常模块化，能够让用户创建真正无限制的配置和参数集。Plexus 允许将 3D 模型存储为兼容性高的 OBJ 格式，导入 After Effects 作为粒子发射器，还可以借助路径和文字以及灯光创建粒子发射，同时直接提供多种自定义特效，例如分形、颜色、球形场和阴影等，支持 After Effects 合成中的摄像机和灯光，支持景深和 32 位色彩深度。

下面就用简单的实例讲解 Plexus 的工作流程。

01 启动软件 After Effects CC 2017，新建一个合成，设置合成的尺寸和持续时间等参数，如图 8-116 所示。

02 新建一个黑色图层，添加"四色渐变"滤镜，接受默认值，选择黑色图层进行预合成，重命名为"渐变色"，并关闭其可视性。

03 导入一个 C4D 输出的 OBJ 文件"球 .obj"并添加到时间线上，关闭其可视性。

04 新建一个黑色图层，命名为"粒子"，添加 Plexus 滤镜，如图 8-117 所示。

图 8-116

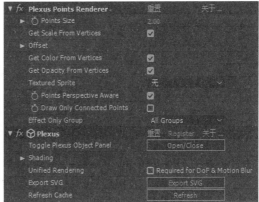

图 8-117

05 在 Plexus 效果控件面板中单击 Open/Close 按钮，打开 Plexus Object Panel（ 对象面板 ），单击 Add Geometry 菜单下的 OBJ 命令，添加一个 Plexus OBJ Object 控件面板，如图 8-118 所示。

06 指定 OBJ Layer 为"球 .obj"，调整 Opacity 的数值为 100%，如图 8-119 所示。

07 在 Plexus Object Panel 中单击 Add Effector 下的 Transform 命令，添加一个 Plexus Transform 控件面板，调整 Uniform Scale 的数值为 175%，如图 8-120 所示。

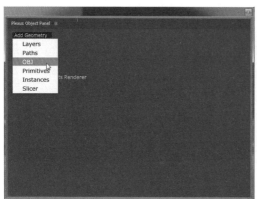

图 8-118

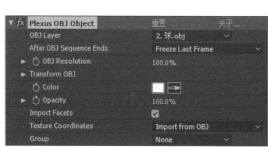

图 8-119

图 8-120

08 添加 Plexus Lines Renderer 控件面板，设置参数，如图 8-121 所示。

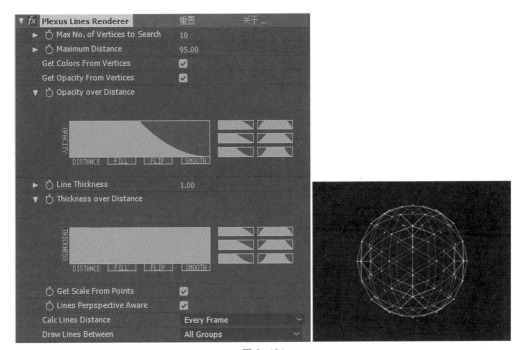

图 8-121

09 添加 Plexus Spherical Field 控件面板，调整 Field Sphere Radius 的数值为 210，如图 8-122 所示。

图 8-122

10 添加 Plexus Color Map 控件面板，指定 Color Map 图层为"渐变色"，如图 8-123 所示。

图 8-123

11 再添加 Plexus Triangulation Renderer 控件面板，设置参数，如图 8-124 所示。

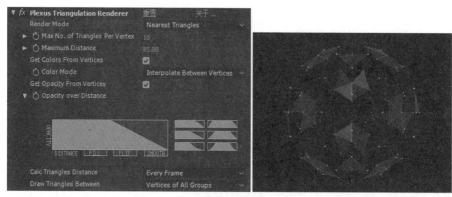

图 8-124

12 添加 Plexus Sound Effector 控件面板，导入一个音频文件，并指定 Sound Layer 为该音频层，设置其他参数，如图 8-125 所示。

13 单击播放按钮▶，查看粒子动画效果，如图 8-126 所示。

14 再创建一个合成，命名为"plexus 02"，新建一个黑色图层，命名为"粒子 2"，添加 Plexus 滤镜。

15 新建 3 个点光源，设置三维空间中的位置关键帧，如图 8-127 所示。

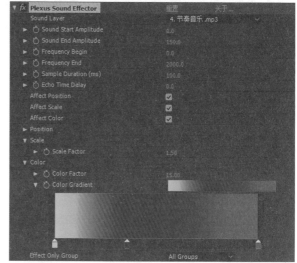

图 8-125

图 8-126

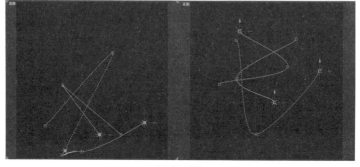

图 8-127

16 创建一个 3D 属性的空对象，为"位置"属性添加表达式：wiggle(1,200)。

17 再创建两个点光源，为"位置"属性添加表达式，链接到空对象的位置属性，表达式自动改变为：thisComp.layer("Null 1").transform.position。

18 选择其中一个点光源，修改"位置"属性的表达式：temp = thisComp.layer("Null 1").transform.position[1];[1.5*temp, 1.5*temp, −0.2*temp]。

19 选择图层"粒子 2"，在 Plexus 控件面板中单击 Open/Close 按钮，打开 Plexus Object Panel(对 象 面 板)，添 加 Plexus Layers Object 控件面板，设置参数，如图 8-128 所示。

20 添加 Plexus Lines Renderer 控件面板，设置参数，如图 8-129 所示。

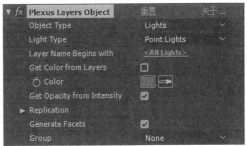

图 8-128

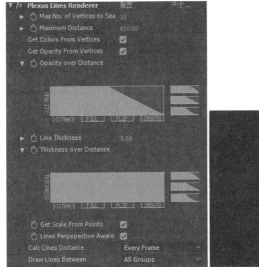

图 8-129

21 拖曳当前指针，查看线条和顶点跟随点光源的运动情况，如图 8-130 所示。

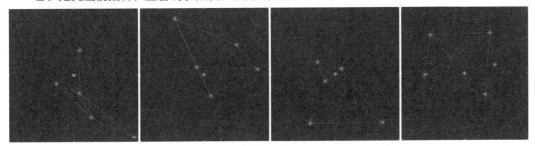

图 8-130

22 添加 Plexus Spherical Field 控件面板，设置参数，再添加 Plexus Triangulation Renderer 控件面板并设置参数，如图 8-131 所示。

23 单击播放按钮 ▶，查看线条和多边形的动画效果，如图 8-132 所示。

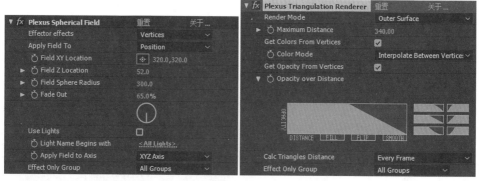

图 8-131

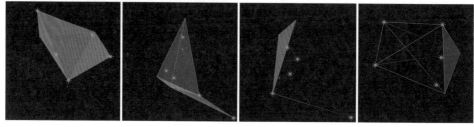

图 8-132

24 新建一个 24mm 的摄像机，选择摄像机工具调整构图，也可以创建摄像机的动画，如图 8-133 所示。

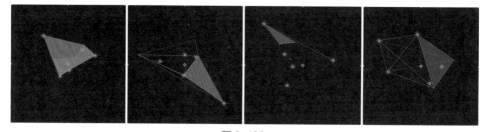

图 8-133

25 新建一个调整图层，添加"四色渐变"滤镜，接受默认值，添加"色阶"滤镜，调整参数，提高亮度和对比度，如图 8-134 所示。

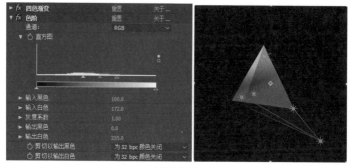

图 8-134

26 选择主菜单"视图"命令，取消勾选"显示图层控件"选项，单击播放按钮▶，查看最终的线条与多边形动画效果，如图 8-135 所示。

图 8-135

8.3.4　Stardust 粒子特效

Stardust 是一款新型的 After Effects 粒子特效插件，模块化节点型 3D 粒子系统，有大量的粒子预设可以使用，而且能够轻松修改和替换预设。它有一个易于使用的基于节点的用户界面，包括 2D、3D 无限粒子控制以及发射器、粒子、复制、力场、3D 模型和文字 Maks 等控制。

Stardust 的控制项很丰富，也就增加了使用的难度，可以通过应用一些典型的预设来掌握它的工作流程。

01 新建一个合成，设置合成的尺寸和持续时间等参数，如图 8-136 所示。

02 新建一个黑色图层，添加 Stardust 滤镜，在效果控件面板中有发射器和粒子的控制项，还会有一个节点视图，如图 8-137 所示。

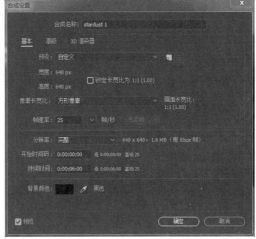

图 8-136

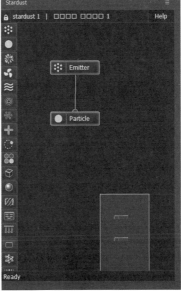

图 8-137

03 拖曳当前指针，查看粒子的动画效果，如图 8-138 所示。

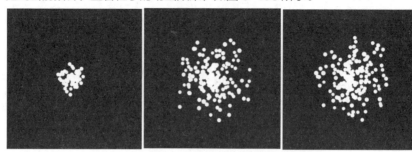

图 8-138

04 在 Emitter 选项组中可以调整发射器方面的控制项，包括发射器类型、位置、速度和角度等，如图 8-139 所示。

05 在 Particle 选项组中可以调整粒子的尺寸、寿命、不透明度等属性，如图 8-140 所示。

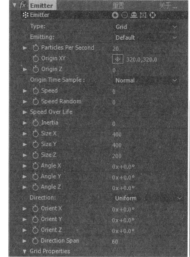

图 8-139

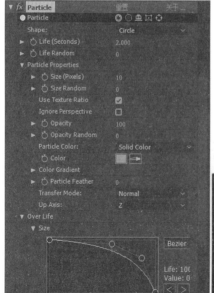

06 新建一个 35mm 的摄像机，选择摄像机工具调整摄像机视图，如图 8-141 所示。

图 8-140

图 8-141

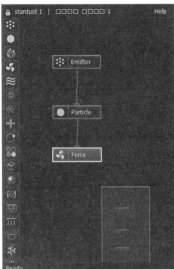

07 在节点视图中添加更多的粒子控制项。比如添加 Force 节点并连接到 Particle 节点。在效果控件面板中调整 Force 选项组的参数，如图 8-142 所示。

08 拖曳当前指针，查看粒子的动画效果，如图 8-143 所示。

图 8-142

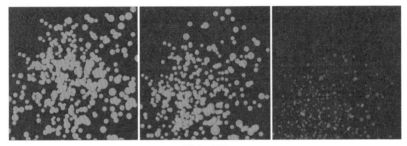

图 8-143

09 在粒子节点视图中再添加一个 Turbulence 节点，并连接到 Force 节点。在效果控件面板中调整 Turbulence 选项组的参数，如图 8-144 所示。

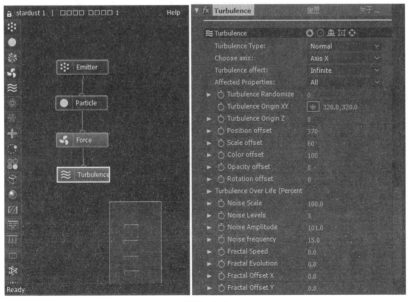

图 8-144

10 单击播放按钮▶，查看粒子的动画效果，如图 8-145 所示。

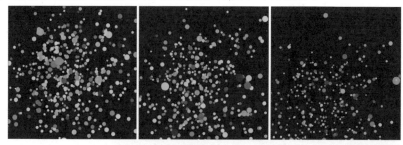

图 8-145

11 当然控制粒子的节点有很多种，正是凭借这些节点参数的设置能够获得各种各样的粒子效果，但这都需要花费很多的时间和精力去学习和探索，对于一般的交互动效设计人员来说，应用 Stardust 的预设再进一步修改，相对来说效果更高一些。在效果控件面板中单击预设浏览器按钮，打开预设库，如图 8-146 所示。

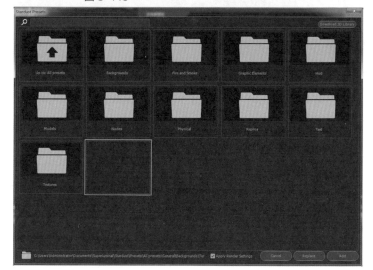

图 8-146

12 双击打开其中一个预设文件夹，比如 Backgrounds，再选择其中的 Tunnel 选项，单击底部的 Replace 按钮，如图 8-147 所示。

13 在粒子节点视图和效果控件面板中都替换成了预设的粒子控制项，如图 8-148 所示。

14 在时间线窗口中关闭摄像机的可视性，拖曳当前指针，查看粒子的动画效果，如图 8-149 所示。

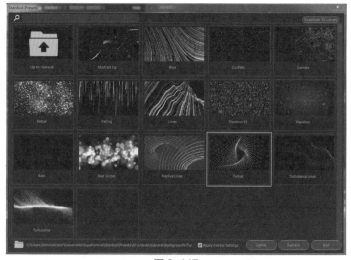

图 8-147

15 再创建一个合成，命名为 stardust 2，新建一个黑色图层，添加 Stardust 滤镜，在效果控件面板中单击预设浏览器按钮 ▼ ◢ ◖ ◗ ◢ ◣ 打开预设库，打开 Hud 文件夹，选择 Earth 选项，单击 Replace 按钮，如图 8-150 所示。

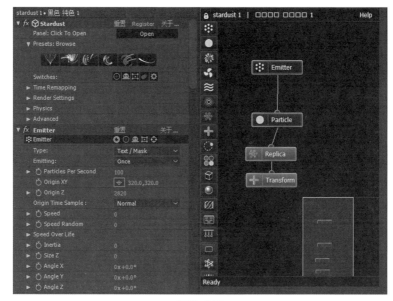

图 8-148

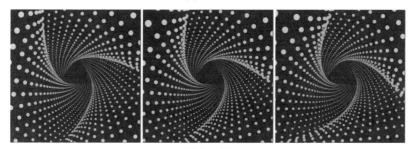

图 8-149

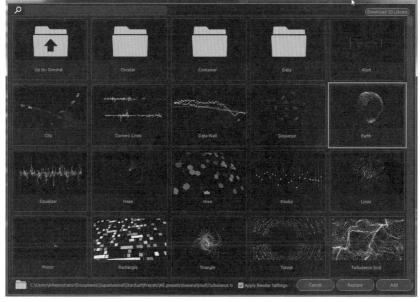

图 8-150

16 在效果控件面板的 Emitter 选项组中，关闭两个 Transform 控件，调整 Emitter 选项组中的 Origin Z 的数值为 1200，如图 8-151 所示。

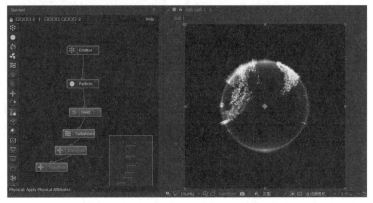

图 8-151

17 在效果控件面板中再次单击预设浏览器按钮 ，打开预设库，打开 Hud 文件夹中的 Circular 文件夹，选择 Circular 05 项，单击 Add 按钮，在粒子节点视图中就有了两组粒子，如图 8-152 所示。

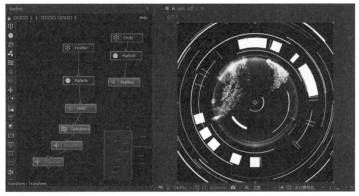

图 8-152

18 新建一个 35mm 的摄像机，选择跟踪 Z 摄像机工具，调整摄像机视图，如图 8-153 所示。

19 在效果控件面板中，调整 Circle 组 Emitter 选项组中的 Origin Z 的数值为 −100，单击播放按钮 ，查看应用粒子创建的 HUD 效果，如图 8-154 所示。

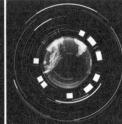

图 8-153   图 8-154

20 除了光效、HUD、烟火等效果之外，Stardust 的二维图形 Graphic Element 预设库也非常有用，在扁平化的 UI 设计中可以作为动效元素，如图 8-155 所示。

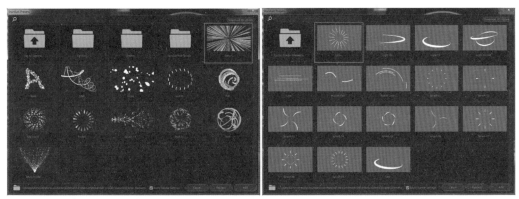

图 8-155

8.4 动画脚本插件

After Effects 脚本无疑是提高动画制作效率的非常好的方法，如果作为普通的设计师没有能力编写脚本，可以在网上找到很多效果不错的脚本。插件不需要安装，只需要复制粘贴到相应的文件夹中即可，After Effects 的安装目录里有个 Script 文件夹，其中有一个 ScriptUI Panels 文件夹，这个 ScriptUI Panels 就是脚本面板的意思，将脚本插件放到这里才是有效的，如图 8-156 所示。

图 8-156

下面介绍几个实例讲解一下脚本的用法。

8.4.1 快速制作进度条

LoadUP AE 脚本可以设计创建众多加载读取进度条，快捷方便，可创造 HUD、UI 元素、图表、图形等。

easyRulers 是 AE 脚本，可以轻松创建任何类型的带刻度数字图形测量尺，快速而简单，主要用于制作 HUD、UI 界面、图标表格、信息图表等。

01 启动软件 After Effects CC 2017，新建一个合成，设置合成的尺寸和持续时间等参数，如图 8-157 所示。

02 新建一个浅蓝色图层，作为背景。

03 选择主菜单"窗口" | LoadUP.jsxbin 命令，执行脚本 LoadUP，打开控制面板，如图 8-158 所示。

04 单击 Presets 按钮，打开预设库，单击一个合适的预设，如图 8-159 所示。

05 在时间线窗口和效果控件面板中增添了图层和控制选项，如图 8-160 所示。

图 8-157

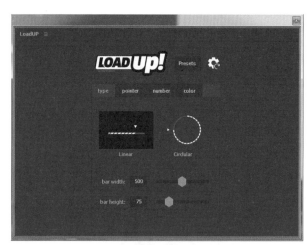

图 8-158

图 8-159

图 8-160

06　在时间线窗口中选择图层 loadUP! 2，调整"缩放"的数值为80%，查看合成预览效果，如图8-161所示。

07　在效果控件面板中，调整 TEXT：color 控制选项中的"颜色"为红色，这就将中间的文字颜色变成了红色。

08　分别在合成的起点和终点，设置 LoadUP 控制选项组中的 Completion Degrees 的关键帧，数值分别为 0 和 360 度，创建仪表指针的动画，如图 8-162 所示。

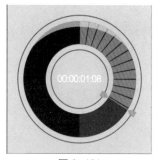

图 8-161

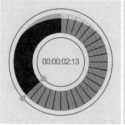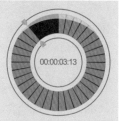

图 8-162

09　还可以使用一个创建刻度的脚本，选择主菜单"窗口"| easyRulers 命令，在打开的控制面板中选择 Arc/Circle 选项，单击底部的 Create Ruler 按钮，如图 8-163 所示。

10　在效果控件面板和时间线窗口中增添了多个控制选项，如图8-164所示。

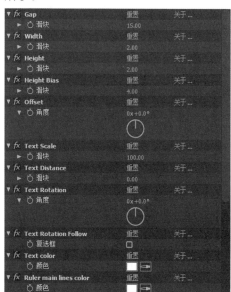

图 8-163

图 8-164

11　选择图层"easyRuler 2"，调整"缩放"的数值为 85%。单击播放按钮，查看加载进度表的动画效果，如图 8-165 所示。

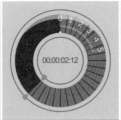

图 8-165

8.4.2 3D 折纸

3D Paper Jam 脚本插件可以快速创建三维纸张折叠和展开的效果，主要功能包括 4 种折叠展开模式、动画几何参数、两边展开、仿三维阴影和支持运动模糊。

01 新建一个合成，设置合成的尺寸和持续时间等参数，如图 8-166 示。

02 导入一张风光图片，并添加到时间线上，选择主菜单"窗口" | 3D Paper Jam 命令，运行脚本，打开控件面板，如图 8-167 所示。

图 8-166

图 8-167

03 单击右上角的折叠模式，自动在时间线中创建多个图层，如图 8-168 所示。

04 拖曳当前指针到合成的起点，在时间线中选择顶层的空对象，在效果控件面板中设置 3D Jam Falloff 选项组中的"滑块"数值为

图 8-168

50，激活 3D Jam Complete 选项组中的"滑块"属性的关键帧，数值为 0，拖曳当前指针到 3秒，调整该数值为 75，创建折叠动画，如图 8-169 所示。

05 新建一个 35mm 的摄像机，选择摄像机工具调整视图，如图 8-170 所示。

06 还可以继续创建一个环境光、一个投影的点光源，这样更能凸显折纸的立体效果，如图 8-171 所示。

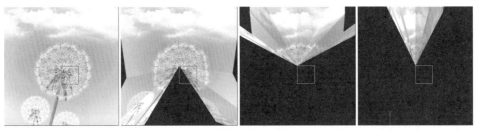

图 8-169

图 8-170

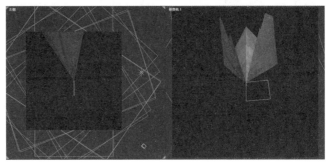

图 8-171

07 选择空对象，调整大小和角度，然后设置 2 秒到 4 秒之间位置的关键帧，创建折纸飞行的动画效果，如图 8-172 所示。

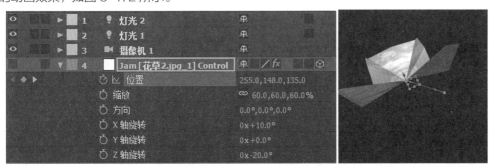

图 8-172

08 关闭空对象的可视性，单击播放按钮，查看折纸的动画效果，如图 8-173 所示。

图 8-173

8.4.3　排版图形变幻

Word Cloud v1.0.3 是一款很有趣的 After Effects 脚本，它可以将众多文字标题汇聚成各种形态的排版图形变换动画，而且有多种属性可以设置控制。

01 新建一个合成，设置合成的尺寸和持续时间等参数，如图 8-174 所示。

02 选择文字工具，输入多行字符，如图 8-175 所示。

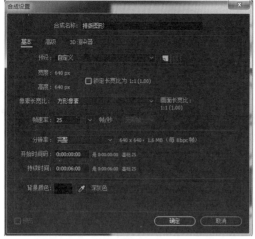

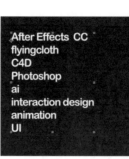

图 8-174

图 8-175

03 选择主菜单"窗口"|"扩展"| Word Cloud 命令，稍等片刻就会出现 Word Cloud 控制面板，如图 8-176 所示。

04 单击 Text Layer to Words List 按钮 ，弹出对话框，单击 Yes 按钮，如图 8-177 所示。

图 8-176

图 8-177

05 自动创建一个名称为"Word Cloud"的文字图层，调整行距为 0，关闭原来的文字图层可视性。

06 拖曳当前指针到合成的起点，在 Word Cloud 控制面板中单击底部的 Add/Update State 按钮 ，在预览窗口中可以看到创建的文字排版图形，如图 8-178 所示。

07 选择文字图层"Word Cloud"，选择主菜单"图层"|"变换"|"适合复合"命令，并激活"位置"和"缩放"的关键帧，将排版图形完全显示在预览窗口中，如图 8-179 所示。

08 拖曳当前指针到 1 秒，在 Word Cloud 控制面板中调整 Weight Log Scale 的滑块，

调整排版图形，再单击底部的 Add/Update State 按钮  ，创建新的文字排版图形，如图 8-180 所示。

图 8-178　　　　　　　　　　　图 8-179　　　　　　　　　　　图 8-180

09 拖曳当前指针到 2 秒，单击 Comp to Shape 按钮 ，再单击按钮 ，从 Shape 库中选择正方形，如图 8-181 所示。

图 8-181

10 单击 Theme Presets 按钮，选择一组新的颜色，如图 8-182 所示。

图 8-182

11 单击底部的 Add/Update State 按钮，创建新的文字排版图形，选择图层 Word Cloud，选择主菜单"图层"|"变换"|"适合复合"命令，查看合成预览效果，如图 8-183 所示。

12 拖曳当前指针到 3 秒，在 Word Cloud 控制面板中调整 Weight 的滑块，然后单击底部的 Add/Update State 按钮，如图 8-184 所示。

图 8-183

图 8-184

13 拖曳当前指针到 4 秒，在 Word Cloud 控制面板中调整 Weight 的滑块，然后单击底部的 Add/Update State 按钮，如图 8-185 所示。

14 选择图层 Word Cloud，选择主菜单"图层"|"变换"|"适合复合"命令，添加一组"位置"和"缩放"的关键帧。

15 拖曳当前指针到 5 秒，单击 PingPong 图标改变排版模式，再调整 Weight 的滑块，然后单击底部的 Add/Update State 按钮，如图 8-186 所示。

图 8-185

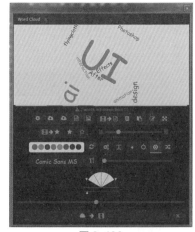

图 8-186

16 拖曳当前指针到 6 秒，单击 Random 图标改变排版模式，选择新的颜色，调整 Orientation 滑块，然后单击底部的 Add/Update State 按钮，如图 8-187 示。

17 选择图层"Word Cloud"，选择主菜单"图层"|"变换"|"适合复合"命令，添加一组"位置"和"缩放"的关键帧。

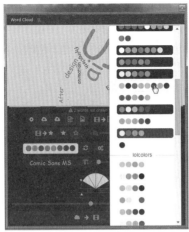

图 8-187

18 单击播放按钮 ▶ ，查看排版图形变幻的动画效果，如图 8-188 所示。

图 8-188

19 再使用一个创建图形的脚本。选择主菜单"窗口"| Shapes-Titles-Creator 命令，在弹出的 Shapes Titles Creator 控制面板中选择一个预设，如图 8-189 所示。

20 自动创建一个合成 V1-Circles-002，合成内容是连续的圆形和矩形的扩展动画，如图 8-190 所示。

21 激活合成"排版图形"的时间线，拖曳合成"V1-Circles-002"到时间线上，将该图层的终点对齐合成的终点。

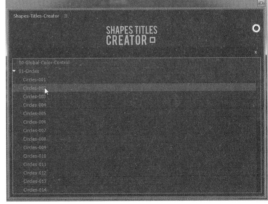

图 8-189

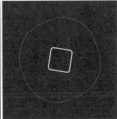

图 8-190

22 新建一个浅品蓝色图层，放置于底层作为背景，添加"色相/饱和度"滤镜，勾选"彩色化"

选项，为"着色色相"添加表达式：time*60。

23 单击播放按钮▶，查看合成的预览效果，如图 8-191 所示。

图 8-191

8.4.4 自动图形连线

Lines Creator 是非常酷的一个 After Effects 脚本，可以在任意对象之间产生连线，还可以创建 3D 线条，是制作 Motion Graphics 的利器。

有一些脚本的运行需要英文环境的支持，如果英文水平还不错的话，建议最好在英文环境下运行脚本和表达式。

01 运行英文版的 After Effects CC 2017，设置合成的尺寸和持续时间等参数，如图 8-192 所示。

02 选择椭圆工具，在合成预览视图中绘制 4 个圆形，分别命名为"青绿色圆""黄色圆""红色圆 1"和"红色圆 2"，设置不同的颜色和大小，并设置"红色圆 1"和"红色圆 2"为"黄色圆"的子对象，如图 8-193 所示。

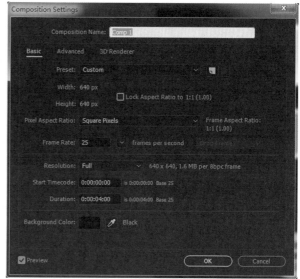

图 8-192

图 8-193

03 选择图层"青绿色圆"和"黄色圆"，选择主菜单 Window | LinesCreator 命令，在弹出的 LinesCreator 控制面板中单击 Settings 按钮█，然后在弹出的 LinesCreator Settings 面板中设置线的宽度为 2，如图 8-194 所示。

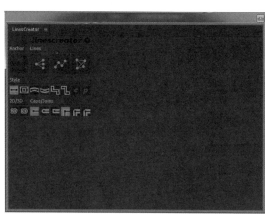
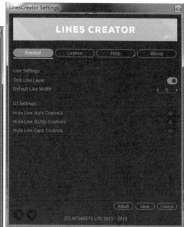

图 8-194

04　单击 Save 按钮和 Close 按钮关闭设置面板，在 LinesCreator 控制面板中单击按钮■，连接选择两个圆，如图 8-195 所示。

图 8-195

05　选择图层"黄色圆""红色圆 1"和"红色圆 2"，在 LinesCreator 控制面板中单击按钮■，连接 3 个圆，如图 8-196 所示。

图 8-196

06　导入 Logo 图片并添加到时间线上，进行预合成，重命名为"logo"，双击打开该合成，新建一个黄色图层作为背景，绘制一个圆形蒙版，调整两个图形的大小，如图 8-197 所示。

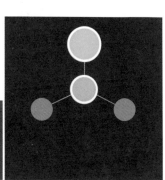

07　激活合成"Comp 1"的时间线，拖曳图层"logo"到"黄色圆"的上一层，然后选择图层"logo"和两个红色圆，在 LinesCreator 控制面板中单击按钮■，连接 3 个图形，如图 8-198 所示。

图 8-197

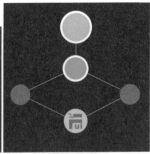

图 8-198

08 关闭 LinesCreator 控制面板，接下来分别设置图形的位置关键帧，即在合成的起点、1 秒、2 秒、2 秒 17 帧和 3 秒 10 帧，如图 8-199 所示。

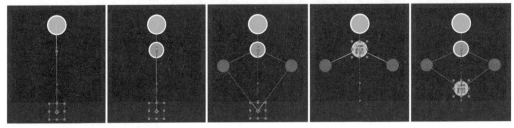

图 8-199

09 拖曳当前指针查看图形与连线的动画效果，如图 8-200 所示。

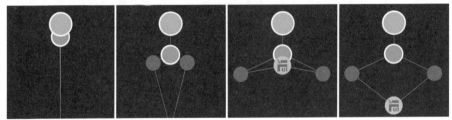

图 8-200

10 选择钢笔工具，绘制一个菱形，拖曳当前指针到 3 秒 10 帧，添加 Contents|Shape 1|Path 1 下的 Path 属性的关键帧，如图 8-201 所示。

11 拖曳菱形图层到底层，拖曳当前指针到 2 秒 17 帧，按 Alt+[组合键设置该图层的起点，调整形状路径，添加路径关键帧，如图 8-202 所示。

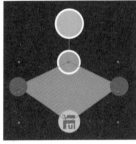
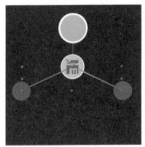

图 8-201　　　　　　　图 8-202

12 创建一个文字图层，输入字符并设置字符属性，如图 8-203 所示。

13　调整文字图层的起点为
3秒，添加 Drop Shadow 滤镜，
调整 Opacity 的数值为 30%，
添加 "CC 钳齿" 滤镜，分别在 3
秒和 3 秒 10 帧设置 "完成" 的关
键帧，数值分别为 100% 和 0。

14　单击播放按钮▶，查看
完成的合成预览效果，如图8-204
所示。

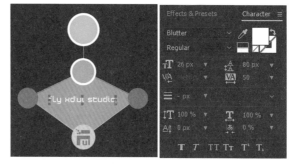

图 8-203

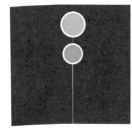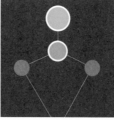

图 8-204

15　这样完成了一个很典型的 MG 风格的动画，当然还可以添加
滤镜，形成新的风格。新建一个调整图层，添加 "CC 玻璃状擦除" 滤镜，
调整参数，如图 8-205 所示。

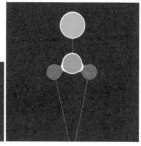

图 8-205

16　单击播放按钮▶，查看液态风格的图形动画效果，如图8-206 所示。

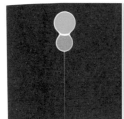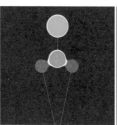

图 8-206

8.5　本章小结

　　本章主要讲解了一些常用的插件，通过实例讲解典型插件的使用技巧和所能创作的效果，当
然这只是丰富插件资源的一部分，希望读者能通过本章的学习打开思路，善于使用插件，这样不
仅能够大大提高工作的效率，而且能够创建更加丰富多样甚至意想不到的动效。